管理就是要會提問

保留空間×傾聽需求×巧妙反問，適當降低姿態，用對關心方法，

余歌——著

99%的管理者把問題問錯了

明明很在乎底下的人，卻總是看不到他們的進步？
你是否曾經提出問題，實際上已經有了既定答案？

不強求員工立刻做出改變，而是幫助他們找出癥結點！

學會「好好問問題」，

瓦解職場尷尬癌，輕鬆贏得下屬信任！

「我有在關心員工，但他們什麼都不肯說！」

目錄

目錄

前言
管理要靠「提問」，而非「回答」

　　毫無疑問，管理者是現代企業中的靈魂人物，不僅負責企業的生產經營，還對下屬的各個職能部門進行指導與考核。在策略上，管理者對公司的中長期發展規劃負有組織和推動的責任，而在實際工作中，他又需要兼顧中層管理團隊和基層員工的具體做法。除此之外，管理者還要學會如何管理他人和自我，如何平衡工作和生活，如何正確對待外在世界和內心自我……可以說，管理者是企業中責任最大、事情最多、交流最廣的人。為了履行好這樣的工作職責，眾多管理者都希望自己能夠擁有更加靈活的頭腦，具備更加敏銳的眼光，可以在繁雜的資訊中一眼看出最有價值的部分，也能在各種說法中迅速分辨真實與謊言。

　　想要成為這樣的智者與強者，管理者必須要學會如何提問，而非回答。

　　提問，似乎是人類與生俱來的本能，哪怕是剛出生不久的嬰兒，都會用他的哭聲和微張的眼睛來傳遞對陌生世界的疑惑。但同時，即使是已經掌管企業的管理者，也並不一定懂得如何將提問的功能發揮到最大。管理者面對企業內的管理事務時，很容易忽視提問的調查、協調和溝通作用，於

是以自己的判斷和權力行事。而當管理者面向企業外的社交事務時，他們又很可能忽略了提問能夠在短期內拉近人際關係、充分介紹自我的功能，導致無法真正清楚溝通對象的心思和目的。

正因如此，作者集多年溝通教練的經驗，將管理者提問術融入本書。本書從管理者企業管理、人際交流、家庭人生中的多種情景入手，以提問的多種技巧和豐富方法為主線，深刻闡釋提問策略在管理者工作、生活中的重要性，為管理者學習和掌握各種提問方法提供了絕佳的資源。

此外，本書不僅提出了諸多具體的提問策略，還結合了東西方著名企業家的實際案例，加上作者在培訓和教練中蒐集的案例，實錄了管理者和他人的對話過程，將情境完整地展現在讀者面前，形象而生動。之後提出的改正與提高方法，更是具有實際操作的便捷性和具體性。

在結構上，本書分為三部分：第一部分闡述管理者如何在企業管理中運用提問，包括應該如何看待思考和提問之間的辯證關係，如何向員工提問、向客戶提問，以及如何向企業中層和高層員工提問；第二部分則將內容轉移到管理者的人際交流中，幫助讀者學習怎樣在社交中利用提問正確表達自我、聆聽他人，以便最終進行良好的對話溝通；第三部分是家庭人生篇，包括管理者如何利用業餘時間向自己提問、向人生提問，如何用提問的方式和家人達成良好溝通、正確相處。

可以說，本書以提問為綱，以管理者的生活與工作重心為目，生動而全面地將提問技術與當今企業家的需要緊密結合在一起，是一本不可多得的企業家自我訓練與提升的參考書籍。讀者在閱讀本書之後能解決「提問究竟是什麼，能做到什麼」的問題，是作者最大的心願。

　　這樣的心願如何完成？請您翻開面前的這本書。

第一篇
管理智慧篇

第01章
像蘇格拉底一樣思考與提問

01 管理非常累，怎樣才能高效

　　管理者是企業管理體系的核心人物。他應該懂得向蘇格拉底學習，以不斷提問的方式同自己對話，從身邊的事物開始，從單純地管理他人迴歸到真正地認識自己。

　　管理者學會提問，才能啟用管理邏輯思維，發現其中的正確性與合理性。像蘇格拉底那樣提問，要求管理者在啟用過程中，既不應預先設定立場，也不被既有經驗捆綁，能夠不斷深入實踐，同時挖掘內心，最大限度地獲得新的管理視角。

　　無論企業規模大小、發展成熟程度，在著手開始管理之前，管理者應該先問自己以下幾個最基本的問題：管理是否必然很累？如何才能讓管理高效起來？

　　現代企業的管理，絕不可能是一個人能完成的輕鬆任務。管理者不妨捫心自問：如果自己從明天開始休假並離開，公司是否還能正常運轉？相信大多數人的答案都是否定的。

　　哪怕管理者還在公司時，企業內部可能就會出現種種不和諧：不同部門之間、員工之間，經常會圍繞同一個問題如何解決、由誰負責等相互推諉，不但影響企業內部的工作氛圍，還形成需要管理者出面解決的矛盾，極大地影響了工作

效率和效果。換言之，管理者之所以常常覺得身心疲憊，根本原因還在於管理缺乏效率。

為此，管理者需要像蘇格拉底那樣繼續詢問自己：我究竟是誰？我有什麼？我要怎麼做才能讓管理高效起來？

在面對這些問題之前，先看看下面的案例。

今天，很多人都離不開沃爾瑪超市（Walmart），而當年紅極一時的凱馬特超市（Kmart）卻已經被日漸遺忘。其實，直到 1990 年代，凱馬特依然是美國最大的零售商之一。而凱馬特遭遇失敗，就是管理低效、管理者角色模糊帶來問題的典型例證。

凱馬特的管理效率問題集中展現在一個廣為流傳的故事上。某一年，在由管理者出席的年度總結會上，一位高階經理發現了自己工作中出現的一個失誤，於是他向坐在身邊的上司請示，自己應該如何修正。但這位上司並不清楚應該如何回答，於是他承諾自己會向他的上級請示。他轉過身，向身邊的主管問道：「我不知道下屬這件事該怎麼辦，我需要聽從你的指示。」而這位主管害怕承擔責任，便接下來向更高階別的主管請示⋯⋯

據說，在這個會議上，一個基層的小問題，最終居然被推到了公司管理者那裡，並由他做出了解答。所有人才為此鬆了一口氣 —— 責任撇清了，問題也解決了！

後來，凱馬特的管理者回憶這一幕時，感嘆道：「真是

不可思議，公司這麼多人，居然沒有人願意為這樣的小問題承擔責任！他們寧願將問題一直推到我這裡！」

回到之前的問題上：管理者究竟是誰？

或許，很多管理者都和凱馬特的管理者一樣，無法清楚回答這一點。因此，他們也不清楚該如何定位自身的角色，不知道怎樣激發企業結構和員工的內在活力，公司工作和家庭生活都變得越來越忙。想要解決問題，就應該繼續問：作為管理者，自己應該做什麼？不應該做什麼？

有的管理者說：「我應該抓管理，因為管理最重要。」但這樣的答案顯然是錯誤的，如果管理者忙著管理具體的企業事務，那麼職業經理人和高管團隊做什麼呢？正是這樣的回答，導致管理者做高管的事情，高管做中層的事情，中層做員工的事情，員工卻無事可做。也正是這樣的回答導致了企業內部的角色錯位。試想，在這種企業中，管理者又怎麼可能不累？

也有的管理者說：「我應該抓品牌建設、抓隊伍建設、抓績效考核、抓市場行銷、抓新上馬的專案……」然而，這些工作無疑都是企業內部結構中已經由相關部門主管的，管理者最多只是在部分時間中有所傾向，如果主抓這些，那麼和一個部門經理無差別了。

其實，正確的回答應該是這樣的。

管理者是企業策略的決策者，是企業文化的打造者，是

企業高管團隊的教練和領頭人。他主要抓的應該是企業總體策略方向，而並非事無鉅細，包攬一切，更不應該凡事都親自指點到位。在企業管理的過程中，管理者要做的是抓目標、建團隊、打造過程、實現獎懲，從而最大限度地發揮每個員工的主觀能動性。

只有真正理解這個答案，管理者才會發現，管理並不應該那麼累。因為累不累首先並非在於採取何種方法，而是對自身角色做出什麼樣的判斷和認知。當找到了自身的責任和優勢時，管理者才能真正發揮應有的管理價值。

02 悠閒與忙碌對立嗎

大多數管理者都是經過漫長的努力，從眾多競爭者中逐層脫穎而出，成為一家企業的領導核心的。但在這個位置上，他們感覺不到其他不同，而是越發忙碌。每天從睜開眼睛到上床休息，有處理不完的郵件、公文、批示，還有開不完的會議、討論、流程……為此，許多管理者會感嘆身在其位、不得不忙，內心又常常會對「偷得浮生半日閒」的日子憧憬不已。令他們最矛盾的是，即使擔任管理者能為自己和家人帶來優裕的生活、菁英的地位，卻帶不來街頭巷尾平民百姓的那種隨性自然，也帶不來基層員工一下班就可以將工作拋諸腦後的閒適自由。

深陷這種煩惱的管理者們，有必要繼續像蘇格拉底那樣面對內心：悠閒和忙碌，真的對立嗎？

　　問題的答案自然是否定的。管理者之所以忙碌，是因為沒有找到悠閒的方法，甚至是因為自己主動選擇了忙碌。

　　在大多數情況下，管理者的忙碌換來了一個需要他不斷忙下去的企業，帶來了有依賴性的下屬、互相推諉責任的管理方式、模糊不清的目標，以及一切都必須服從而毫無創新的陳舊氛圍。

　　管理者不妨問問自己是否在企業中設定了並不需要的職位、僱用了並沒有太多價值的人、人才與職位不匹配，應該做好的事情無法做好，最終壓力層層上傳，如圖 1-1 所示。

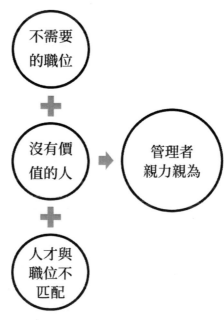

圖 1-1 管理者的失誤

　　結果，管理者凡事不親眼看到結果、不親手操作，就不能放心；中層和基層的職位職責不清，誰有事情都來找管理者，所有的請示都由管理者親自批准……企業任何事情都是大事，任何事情都是管理者的事，而管理者自己也不由自主地養成了習慣，來了事就要解決。在這樣的狀態下，管理還能單純指望依靠忙碌解決問題、履行責任嗎？事實上，這種忙碌只能延續下去、日甚一日。

　　與此相反，管理者只有為自己找到「悠閒」的空間，從繁雜的日常事務中擺脫出來，才能夠進行積極的思考，掌握創新的靈感，並有時間規劃企業的策略方向，設定企業未來的願景，設計科學的企業結構和執行制度，如同船長那樣掌控方向。

　　有了這種領導者，企業內各個職位的員工才會運轉起來，如同精密儀器上的零件，相互密切配合、各自保障得力，管理者也就無須凡事親力親為，而能勞逸結合了。

　　清楚了這一點，管理者不妨繼續探尋事情的真相：為什麼一旦忙碌，就再也無法悠閒下來？

　　答案並不複雜：由於管理者使用了錯誤的方法，對於企業執行中一些經常出現、重複出現的問題，並沒有讓制度或者流程發揮作用，而是獨自去解決。於是，整個企業都把複雜的事情簡單化，追求人治而不是法治；管理者將精力集中到命令下屬做事，而不是引導下屬做正確的事情；員工也

只看眼前，而不做長遠規劃，所有人必然會陷入疲勞的惡性循環。

那麼，管理者如何利用正確的方法，將忙碌轉為悠閒，同時又不影響企業的正常運轉呢？答案是正確授權。

想要實現從忙碌到悠閒，離不開對下屬的授權。選擇適當的下屬，讓他們獲得領導和管理權，管理者才能從原來的忙亂中擺脫出來。

1986 年 11 月，美國王安公司創始人兼管理者王安，為了能夠讓原本忙碌的工作有人分擔，決定任命新的公司管理者。

王安創辦王安電腦公司之後，一度成為讓 IBM 公司感到壓力的追逐對手。王安執掌該公司的管理者大權長達 40 年，鼎盛時期，整個公司年收入達到 30 億美元，員工有 3 萬多人，他本人也曾經名列美國第五大富豪。

管理這麼大的企業，王安相當忙碌。成長於傳統文化背景下，他習慣於凡事親力親為，有人因此評價他的公司不像現代企業，而像一個典型的「中國式家庭」，王安被人們比喻成「公司的父親」，他讓下屬做什麼，下屬就得做什麼。

王安並不是沒有機會悠閒下來。王安公司有著名的「三劍客」，其中之一的考布勞在離任之前，與王氏家族的矛盾已經接近白熱化。當時，技術能力很強的考布勞想要做一個新專案，而王安卻將專案交給 3 個互相獨立的研發小組完

成，並不願意由一個部門負責到底，考布勞氣憤辭職。隨後，「三劍客」中的另外兩位也離開了公司。

放棄了這些不同背景、不同履歷的優秀管理人才，王安執意將公司的大權交給兒子王烈，不管他是否具備這種才能。王安此舉雖然是想要將忙碌狀態轉化成為悠閒狀態，但其實給企業招來了更多的麻煩：許多追隨他多年的公司高管紛紛辭職，整個公司元氣大傷。

隨後發生的事情再次證明了王安的錯誤。王烈上任之後，工作表現平庸。他開始主持會議時，甚至不知道公司發生什麼事情：當時，公司已經出現了財務危機，作為新管理者的王烈卻還在談論其他風馬牛不相及的事情，導致董事局對其失去了信心。即使如此，王安依然支持自己的兒子。而且他身體情況惡化後，王烈手握大權，破壞了公司內部原有的公平和效率原則。於是，員工的工作熱情銳減，公司財政狀況變得更加惡劣。

最終，王安不得不在病榻上宣布罷免兒子的職務，半年之後，王安去世，整個王安公司也申請了破產保護。王安終生在董事長和管理者的職位上努力奮鬥，繁忙不已，但卻並沒有換來長青的基業。

在為王安扼腕嘆息的同時，管理者不妨自問：如果你是王安，你會透過怎樣的授權確保自己悠閒下來，履行應盡的職責而不會影響企業的健康發展？

　　很多管理者始終忙碌，並非他們意識不到授權的重要性，而是找不到可以信任的下屬。由於始終害怕企業的利益旁落他人之手，管理者們或者實行權威制度，不願意讓下屬使用權利；或者像王安那樣試圖打造家族親信體系，缺乏對其他下屬的信任和培養。而在忙碌中，那種大權獨攬和發號施令的優越感，使他們忘記了其實可以不用這樣忙碌，完全可以透過正確授權變得悠閒。反過來，當他們不得不授權時，又總會顧慮重重：這麼複雜的工作，下屬真的能做好嗎？這件工作關係到企業的機密，下屬會不會洩露出去？種種推測和擔憂，讓授權即使在形式上完成，卻沒有多少信任可言，反而會有所偏差，讓原本一件普通的事情也變得更加複雜。

　　推動忙碌轉向悠閒的，應該是下面這些被授權的對象，如圖 1-2 所示。

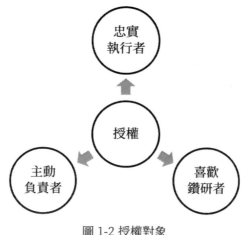

圖 1-2 授權對象

第一，能夠忠實執行管理者策略決策的人。管理者所選擇的授權對象，應該是忠實執行策略決策的人。他們並非沒有主見，而是能夠和領導層良好地溝通，如果領導層堅持意見，他們依然會服從並堅決執行。反之，有些人會由於自身意見沒有被採納而心懷不滿，或者在執行工作的過程中隨意而為，這就不適合成為被授權的對象。

第二，要授權給喜歡鑽研並能夠提出建設性意見的人。只是堅決執行命令是不夠的，他們還應該在工作中積極思考，對於所在部門面臨的問題、可能發生的風險，都有所提防，並可以提出積極的參考解決方案。

第三，要授權給能夠主動負責的員工。這些員工首先要有稱職的能力、技術、經驗，其次要有強烈的工作熱情和積極性。這樣，無論管理者或其他高管是否在場，他們都能主動承擔應盡的責任，甚至可以在必要時代行主管的權力，對工作要點加以記錄並報告給主管。

總之，管理者個人的忙碌和悠閒完全能夠順利轉化，決定轉化成敗的關鍵是合理授權、正確監督與穩定管理。

03 自己能成為別人的「教練」嗎

幾乎沒有管理者不求才若渴，當他們遇到困難時，總是會想到如果有更多優秀的員工該多好，以至於常常將「如果都能像 ××× 這樣工作就好了」作為激勵優秀員工的話語來使用。然而，管理者是否問過自己：「我能夠打造出優秀

的員工嗎？」換言之，你是否能成為指引下屬成長的「教
練」？實際上，在管理者的種種領導行為中，教練輔導行為
是最容易在日常工作中被忽視的。

以現代眼光來看，所謂教練，是指帶領具有價值的人從
現狀出發走向目的地的人。這一過程正如李嘉誠所說：「成
功的管理者都應該是伯樂，能夠不斷挑選、延攬和培養那些
比他聰明的人才。」透過扮演教練角色，管理者能展示自己
在某一特定領域的超凡能力，從而受到員工的廣泛尊重；其
次還能將相關技能直接傳授給相關下屬，或者間接地讓企業
員工自己找到解決問題的方法，從而讓整個企業走向成功。

總體來看，當管理者同時也是企業的工作教練時，他們
會具有更大的影響力，潛移默化地改變周圍的人，進而改變
整個企業。他們能讓員工從被動工作走向主動工作，從缺乏
勇氣走向全力以赴，從一味順從走向獨立負責，從甘於平庸
走向與眾不同。

曾經擔任 ABB 公司執行管理者的格蘭‧林達爾（Goran
Lindahl）問過自己是否能夠成為下屬的教練和能力開發者，
並得到了肯定的答案。從確定這一點開始，他用超過一半的
工作時間和員工們直接交流。這樣的過程被他稱為「人力工
程」，如圖 1-3 所示。

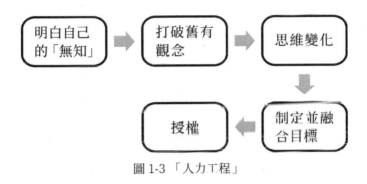

圖 1-3 「人力工程」

教練的過程是這樣的。首先,林達爾讓公司的部門經理們認識到自己的「無知」,發現自身思想的局限性,從而打破舊有觀念。其方法包括讓經理們接受一系列自我評估類的非正式談話,或者接受臨時任務,如出差、工作調動等。這樣,經理們可以脫離原有的固定工作環境,有機會接觸公司其他部門的思維和行為方式。其次,當經理們的思維變得開放時,林達爾會和他們討論公司的總體目標與標準,並教導他們怎樣將這些目標和個人職業發展目標相融合。作為管理者,他會用幾個月乃至幾年的時間和經理們一起工作,培養他們將總體目標和個人利益融合一致的能力,並逐漸給予他們越來越多的權力。

在林達爾來看,這種訓練的過程並非是一蹴而就的,更不是將管理者的責任放棄給下屬,而是下級和上級共同參與的委派過程。他總結道:「人們盼望學習,並且會因此感到滿意。高層領導者面對的挑戰,應該是如何幫助員工完善自

我，並讓這種完善和公司目標相符合。我的工作就是建立這樣的框架，下一步工作則是放鬆框架，讓他們成為領袖，成為勇於承擔責任的人。這樣，我們就有了一個自我更新與發展的企業。」

管理者需要成為員工的教練，針對員工現存的問題（包括在工作績效方面的差距或某項工作所需要的特定能力），進行有計畫和有目的的專項改進。在大多數情況下，這種教練行為是管理者和下屬之間的一對一輔導，當然，如果實際需要，也存在一對多的教練過程。

很重要的一點是，總裁應該及時抓住下屬表達時的「問題」，及時提出核心問題，從而形成引導思考、啟發答案的作用。

無論具體採用何種行為，扮演教練的角色能夠讓管理者不再單純用控制和指令的方式進行集權領導，而是強化和下屬之間的雙向互動，更加頻繁地使用激勵、啟發和引導的手段，利用教練方式來激發下屬的主動性和創造性。

管理者想要成為一名好的教練，應基於「彼此尊重」的基本信念。

首先，應該能夠理清目標，為員工找到正確的目標。

其次，幫助員工看清楚真相，讓員工知道自己目前位於怎樣的位置、處於什麼樣的狀態，包括其內心想法、外在行為和實際情緒。這樣，他們就能夠明確觀察到現狀和目標之

間存在什麼樣的偏差與問題，得以區分眼前的假象和事情的真相。

再次，幫助員工有效調整心態，鼓勵他們建立更加有利於提高工作效率的心態，並將之貫徹到工作執行過程中。

最後，管理者還要按照教練計畫行動，因為沒有計畫和行動，教練過程永遠只能停留在書面階段。

為了有效地運用教練的技巧，管理者必須問自己：你是否真正掌握了教練員工的方法？一般而言，有效輔導員工的步驟主要有以下 3 個，如圖 1-4 所示。

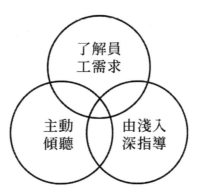

圖 1-4 有效輔導員工的步驟

◆ 了解員工需求

為了讓下屬員工接受教練，最好的方式是將教練內容和他們的需要直接對接。這樣，就能讓下屬主動接受教練，並參與到輔導中來，以較高的熱情學習並理解傳授的內容，獲得良好的教練效果。

◆ 主動傾聽

在教練過程中，不僅應該向員工提問，還要將對方做出的回答再次用自己理解之後的語言重複出來，讓對方知道你已經明確理解了他的意思，或者在不懂的地方明確指出雙方的誤解所在。這樣，既能確保雙方達成良好的溝通，也能為對方樹立正確溝通和學習行為的榜樣。

◆ 由淺入深指導

下屬的學習和成長是循序漸進的過程。管理者在指導他們的過程中，不應急躁冒進，也不可急於看到成果。在教練內容的安排上應該由淺入深，讓下屬能夠在學習和實踐的過程中逐步形成新的理解問題的角度、解決問題的思維，從而逐步改變不良工作行為。為此，管理者還應該嘗試將最終教練目標分解為階段性目標，能夠讓下屬透過階段目標的實現，最終徹底形成正確的行為模式。

04 這麼做會做得更好嗎

幾乎每個人都清楚，在激烈的市場競爭中，企業無法承受失敗。一次細節上的失敗都有可能終結企業原本順利前進的步伐。但企業通常在何時開始出錯？管理者應該明白，真正「出錯」的時候並非是結果呈現之時，而是在於策略部署和規劃中潛伏下致命缺陷的節點。

事實上，很多公司表面上營運情況良好，但深層卻有可

能隱藏著足以摧毀公司的風險問題：從領導者的思維弊端，到管理團隊在營運上的失誤，再到整個企業發展方向上的偏差，都能讓公司陷入停滯。

這些風險問題從根本上可以歸納為兩點：管理者的決策錯誤和下屬實施不得力。管理者在領導企業的日常工作中，往往盯緊的是後一種可能，但別忘了，企業員工的執行方向總是來自管理者最初的策略想法。因此，針對前一種原因，管理者必須詢問自己：我是否必須這麼做？有沒有更好的做法？

正確的策略想法沒有得到 100% 的執行，其結果大都表現為成效不足，有可以提升和優化的餘地；但錯誤的策略想法如果得到了 100% 的執行，其結果很有可能已經無法挽回。這是因為策略想法的錯誤不僅在於其本質上的缺陷，更在於管理者的堅持會讓整個公司表現為執迷不悟、堅決不改。類似這樣的錯誤最初就不該出現，而一旦出現，就會因為管理者的堅持，讓企業情況進一步惡化。

1980 年代，通用汽車公司面臨重要的現實問題：一方面，日本進口車憑藉低成本和高品質，開始在美國市場上占有了一席之地；另一方面，通用公司內部的勞資關係緊張起來。在反覆思考之後，當時的通用公司管理者羅傑·史密斯（Roger Smith）用一連串問題得到了「答案」。他問自己：通用財務表上最大的開支專案是什麼？工人的薪資和福利。那麼，又是誰總威脅罷工、影響工作效率的提高？工人。誰

在生產線上總發生錯誤，導致次品出現？工人。是誰不聽從指揮，導致中層經理們的管理工作很難開展？還是工人。那麼，解決問題就要從工人開始。

史密斯做出了一個瘋狂的決定，他要把整個通用公司的工人全部替換掉，徹底解決問題。新的「工人」最好不需要薪資，沒有任何抱怨和失誤，而且還不會罷工。有這樣的工人嗎？有，答案是機器人。

這個最初的想法其實已經轉化為具體做法。當時，機器人技術迅速發展，包括豐田在內的某些日本企業都在大規模使用機器人，而史密斯的鼓吹讓他的下屬們非常樂觀，他們盼望著整個公司都能夠由機器人來工作。在這樣的氣氛下，史密斯並沒有看到問題的另一方面，豐田等競爭對手之所以大規模採用機器人技術，是因為他們有了精簡的製造技術，並懂得人和機器有效結合的方法，在降低成本的同時又能提高效率。除此之外，日本企業還在存貨管理、品質管理、供應渠道整合上進行了充分變革，因此，他們並非只採用機器自動化解決問題。

在通用公司當時的情況下，簡單地採用機器人技術，而沒有匹配的軟體，只會造成混亂。但史密斯並沒有問自己有沒有更好的做法，馬上就投資了 450 億美元用於機器自動化。事後證明，通用公司在 1984 － 1991 年的生產效率大幅下滑，遠遠落後於豐田，人們根本沒有看到自動化機器生產所帶來的利潤。

　　如果將企業看作一艘大船，管理者自然是船長。因此，管理者當然不希望選擇的做法帶有不確定因素，他們會在思考之後盡量選擇那些「萬無一失」的行為。然而，企業內部本身是多元的，市場也不會是固定的，管理者確認了朝一個方向前進，但不能確保方向是正確的。這就需要他們對策略決策提前進行思考，多問問是否還有其他做法，避免案例中通用公司的失誤。

　　下面這些要點是管理者在自我審視時應該牢牢記住的。

▸ 你選擇的做法是否能夠為客戶提供更好的產品和服務？競爭對手是否採用過這種做法？

▸ 最簡單的方法評價做法，如利用「哪些人、哪些產品、怎樣」的問題框架：你的做法關係到企業哪些人、哪些產品？怎樣貫徹才能獲得成功？

▸ 在將最初想法變成貫徹執行的做法之前，應該收集整理自己所能夠獲得的各方面資訊，尤其應重視每天直接和生產打交道的技術人員、直接和市場接觸的行銷人員。只有廣泛接觸不同的資訊，才能很好地防止因為盲目保守產生的錯誤想法。

▸ 你應該注意自己的個人喜好，並冷靜下來擺脫這種喜好的影響。無論喜歡何種創新模式，都要學會「置身事外」，收起對這種創新的欣賞情感，從客觀方面找到最好、最充足的理由支持它。

▶ 在決策之前，可以為你的設想和做法多準備幾個備用方案，或者乾脆試著從完全相反的方面來建立新的方案。將這些方案放在小範圍的高管團隊中討論，聽取他們的各種意見，有效避免因為自己而將企業帶入錯誤航線中的情況發生。

05 失敗就算結束嗎

在企業發展的過程中，管理者既會面對坦途，也會遭遇坎坷。企業的管理之路注定是成功和失敗同在的。成功固然高興，但如果從此忽視了進取的重要性，就很可能面對失敗。同樣，失敗當然傷心，但如果一失敗就氣急敗壞，也同樣難以走向成功。

成功和失敗並非是一成不變的，在管理者努力下，它們可以相互轉化。只有理智面對，才能將成敗都變成財富。當管理者遭遇領導生涯中不期而遇的失敗後，應該問自己這樣的問題：失敗是不是結束？應該怎樣將它變成開始？

失敗並非結束。世上有所作為者，大都經歷過多次失敗。企業的經營和管理也同樣如此，失敗難以避免。但只要保持前進的雄心、反思的態度，就能將每次失敗後形成的經驗教訓變成通往坦途的基石。

眾所周知，在誕生了諸多傑出管理者的美國矽谷，每年都有數以萬計的企業倒閉，同樣會有數以萬計的管理者帶領企業成就輝煌。對此，美國多布林管理顧問公司（Doblin）

集團管理者拉里・基利（Larry Keeley）認為：「矽谷的成功者之所以成功，只不過是因為他們不會被失敗左右，而是能夠容忍失敗，從中學習並運用更多積極的東西。」同樣，在中國，無論是聲名顯赫的企業的管理者，還是名不見經傳的小企業的管理者，要想絕對避免任何失敗都是不可能的，想要在失敗之後不加努力就重新開始也是不可能的，如果放任失敗主宰了自己和企業，就會一蹶不振。相反，勇於面對失敗才能見到新成就的起點，換取未來的成功。日本八佰伴集團管理者和田一夫在講述自己的經營理念時說道：「成功固然是值得炫耀的事情，而面對失敗則必須有面對現實的勇氣」。

八佰伴集團在發展初期，僅僅是一家農村小雜貨舖，由於大火，這家小店遭遇了第一次失敗。和田一夫問自己是否會屈服，馬上就得到了否定的答案，並告訴自己：「不能這樣接受失敗！我必須盡力協助父母，建設新的家庭和商店，再次懸掛起八佰伴的招牌。我不僅要把這家小店變成熱海市最大的商店，還要把業務延伸到全世界！」

在內心交流的過程中，和田一夫獲得了堅定的信念。第二天，父親和全家還沉浸在絕望和悲痛中，而和田一夫已經開始尋找新的起點。他找到了附近一家舊倉庫，那裡沒有遭到大火洗劫。幾經周折之後，和田一夫租下了這間舊倉庫，重新將八佰伴的招牌掛了出來。

此後，八佰伴集團發展成跨國連鎖集團，在全世界 16 個

國家擁有 400 多家店鋪，員工數量達到 2.8 萬人，年銷售額突破了 5,000 億日元。但由於種種原因，八佰伴到 1997 年時遭遇了破產。一夜之間，和田一夫再次遭遇失敗，他成為連累八佰伴股東和員工的「罪人」。為此，他宣布「自我破產」，交出了所有財物，從國際集團的管理者變成身無分文的窮人，從擁有 30 間一幢的海景房到租住一室一廳公寓，從每天乘坐配有司機的勞斯萊斯專車到自己買票乘坐公車，但和田一夫繼續開了新的管理顧問公司，堅持面對失敗、重整山河。

和田一夫面對失敗時的態度值得每一位管理者深思。但即使有勇氣正視失敗，也並不意味著領導者就能意識到失敗帶給企業的機會。1979 年，特倫斯·米謝爾（Terence R. Mitchell）提出領導歸因理論（Attribution Theory of Leadership）：領導者對於下級行為的歸因是否公正和準確，將會影響下級對領導者指示的態度。尤其在面對失敗時，管理者典型的歸因偏見是將組織中的成功歸因於自己，而將失敗歸因於下屬。為了避免這種情況，管理者在看到失敗之後，還應該繼續問自己：我能做什麼，才能讓失敗真正變為成功之母？

首先，管理者要能放得下個人的臉面，擔當起失敗責任。企業管理和營運中出現失敗是難免的。失敗了，企業是不斷堅持還是離心離德，相當程度上取決於管理者是如何看待失敗的。如果將問題一推了之，就會導致企業無法重新開始。管理者應該勇於反思自身的不足，將過失和責任承擔起

來，將矛盾和衝突集中到自身，避免下屬相互責怪、懲罰、
遷怒，甚至在一定程度上要勇於代人受過，這樣才能真正發
揮自己的「船長」作用，團結組織內部，凝聚員工人心。這
樣的管理者才能夠在失敗面前真正具有人格感召力，彰顯出
領導者的價值。

其次，管理者還應該表現出對員工失敗的容忍度。管理
者希望成功，並要求下屬以此為目標而努力。但希望成功並
不意味著拒絕失敗，同樣，在失敗之後的寬容也不是放任自
流和不負責任。管理者應該面對失敗，繼續激發員工的挑戰
精神，帶領他們冷靜分析原因，從而實現成功。

那麼，管理者在面對員工的失敗，應要求他們怎樣做
呢？答案如圖 1-5 所示。

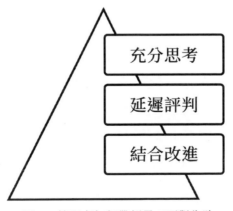

圖 1-5 管理者如何帶領員工面對失敗

◆ 充分思考

當失敗的結果呈現之後，管理者應該帶領員工思考，不受拘束地討論和暢所欲言，分析失敗的原因，而不要顧慮想法是否符合所謂的規矩和邏輯。只有這樣，才能討論出失敗的深層次原因。

◆ 延遲評判

產生失敗後，必定會出現責任認定。除非是非常明顯的原因，一般管理者應要求下屬不要隨便對問題進行評頭論足，不要輕易發表「這次失敗都是你的部門沒有做到位」、「你們的做法太離譜才會這樣」的貶損之詞。相反，對於最終責任、改進措施的評判，應當留給專門負責管理的部門進行認定評價。

◆ 結合改進

當員工就問題的改進措施提出不同的意見後，管理者應該鼓勵管理團隊內部進行互補，不僅要關注自己部門提出的設想，還應該學會從其他部門的設想中找到優化組合的方案，考慮將兩個或者更多的設想結合成為更好的改進方案。

總體而言，面對失敗，管理者必須透過向自己提問來鼓舞員工堅持下去。另外，在尋求解決之道的過程中，應盡可能為下屬著想，幫助他們解除思想壓力，鼓勵他們為企業發展盡力。這樣一來，在管理者和全體員工的努力下，企業一定可以戰勝失敗，實現飛躍。

06 問別人的問題敢拿來問自己嗎

成功離不開對下屬員工的引導和管理，為此，管理者每天都需要向他們提問，這些問題涵蓋甚廣，有的針對工作態度，有的強調工作能力，還有的則出自利益協調、部門配合與企業文化等。

然而，管理者在向別人提問的時候，是否想過：那些問別人的問題，你敢拿來問自己嗎？

例如：「公司希望繼續發展，每個人應該做出怎樣的改進？」沒錯，員工的確需要不斷充實和拓展自己，但管理者是否也需要？答案自然是肯定的。

又如「這個專案的成敗決定各位將來自身的發展，大家是否已經做好準備協調一致，讓部門節奏同步？」那麼，管理者自己是否又能做到這一點，讓本身的工作和下屬部門一致？

諸如此類的問題，在詢問下屬之前，管理者都應該先問問自己。

在某種程度上，管理者也是普通人，任何人面向內心尋求答案都相當困難，對別人的要求則相對容易。當代的企業家，除了要帶領員工戰勝懶惰、克服困難，也要懂得積極戰勝自我，勇於在自我質疑和否定中消解缺點，看清事物的真相，從而更好地引導企業發展。與此同時，管理者自己也能不斷地成長與發展。

2001 年，戴爾電腦公司管理者戴爾（Michael Dell）在向

自己提出一系列問題之後，做出了重大決定 —— 在會議上向
手下 20 名高階部門經理認錯。他承認，自己有時候過於覷睚，
有時候又顯得高高在上難以接近，並因為這些缺點而犯下了一
系列錯誤，對此他決定改進，並承諾能夠建立和公司員工更加
親密的關係。在這次反思和道歉之後，所有人都深有感觸。

無獨有偶，微軟管理者史蒂芬・巴爾默（Steve Ballmer）
在 2003 年的一次投資者會議上聲稱，公司的每一項業務中，
實際上只有 15% ～ 20% 的人創造了重大價值。這項言論傳播
出去之後，引起了微軟員工的不滿，巴爾默並沒有被任何人
質問，但他問自己：「這樣說究竟是否正確？是否應該道歉？」
之後，他向全微軟公司的 2 萬多名員工發語音郵件進行道歉。
巴爾默向自己提問並隨之認錯的行為，展現了他的領導力
量，而並非軟弱，這也有助於提高整個企業的外部名譽。

向員工提問容易，向自己提問困難。尤其是處於企業決
策頂層的管理者，在面對現狀進行檢查、剖析、要求和整改
的過程中，他們會不斷發現問題。他們很多人相信自己的判
斷，認為自己對企業最負責，投入最多，但如果真正向自己
提問就會發現，某些情況他們也會不知所措。

只將提問看作管理員工的手段，對企業的發展有百害而
無一利，因此管理者應正確看待自身與問題的關係。

管理者必須開啟害怕自我提問的心結，這種心結來自內
心的不安全感。正是這種不安感讓其迴避向自己提問，甚至

明顯的過失和錯誤，也不願意用自我提問加以發現和解決。
這樣，管理者就會習慣於掩蓋過失，塑造強勢形象。

　　不妨換一種角度來看，了解自我提問並不會動搖個人權
威，恰恰相反，這正是一種對領導形象的提升。在企業中，
領導者勇於自問，並追究自己的責任、解決自己的錯誤，是
企業內建設良好文化的重要開端。與此同時，領導者在自我
提問的時候，通常情況下都會進行更深入的思考，並積極
尋找彌補的對策，讓企業能夠在管理者對自我的審問和思考
中，獲得進步空間。

　　當然，也存在著「當局者迷」的情況。有時候，即使是
經驗豐富、反應敏銳的管理者，也無法準確找到自身最重要
的問題。這時候，他們需要從下屬的表現或建議中找到自我
提問的關鍵。

　　那麼，管理者向自己提問時應該遵循哪些原則？答案如
圖 1-6 所示。

圖 1-6 管理者自我提問的原則

◆ 提問要真誠

管理者想要真正反省並向自己提出最好的問題，必須真誠面對企業、員工和自我。應該勇於承認工作中面對的問題，而並非只有員工們才這樣。管理者還要注意向自己提問的方式，脅迫式提問並不正確，而是要採用讓周圍人能夠接受與認可的方式。否則，管理者的自我提問常常會陷入一種自我糊弄的境地，為的是避免真正出現問題時的內疚。

◆ 切忌漫無目標

自我提問代表管理者自身管理的誠懇心態，因此間隔時間不能過長，這是每個管理者都需要考慮的。

過少的自我提問只能讓管理者逐漸遺忘這種自我管理方法，產生無所謂的心理狀態，從而讓僅有的提問效果也大打折扣。

管理者最好能以現場記錄的形式開始自我提問，即在發現企業決策、執行和營運過程中的任何不當現象時，都能第一時間將自己應該內省的問題記錄下來。

一家星級飯店的管理者養成了在現場記錄問題的習慣，例如，他在退房尖峰時段發現乘客在電梯前塞車時，迅速在 iPad 的備忘簿上列出下面的問題：

▸ 什麼時候會發生乘客在電梯堵住的現象？

▸ 這種現象持續了多久？我是在什麼情況下發現的？

▸ 我是否安排了妥當的人去管理相關部門？他有沒有努力解決？

▸ 我應該在哪次會議上重點強調解決這件事？

由於該管理者有類似的好習慣，因此他每天對工作的自我內省總是能抓住重點提問並及時在第二天轉化為工作行動。

◆ 選擇時機和對象

管理者的自我提問可以適當公開化，即面向下屬進行。但這種公開化提問不能盲目，而是應該有所考慮。

在自我提問的時候，管理者一定要選擇適當的時機和對象，不能只是為了公開而公開。只有考慮清楚、抓住時機，讓最重要的下屬知道管理者在自我反省，公開才有價值。

管理者同樣是平凡的人，他們也會失誤和犯錯。所以，一個優秀的管理者要勇於向自己提出問題，進行思考和歸納。這樣，才能始終保持良好的工作狀態，在內心的思考和外在的執行中，看到企業和個人的變化與進步。

第02章
做好企業管理，先學會提問

01 管不好企業，也許是問錯了問題

在企業裡，經常會出現一種奇怪的現象：管理者一直很忙碌，而下屬卻閒閒沒事做。員工不知道自己該做什麼，很迷茫；而管理者也不知道該如何引導員工，很困惑。企業的管理總是陷入混亂，管理者總是忙得不可開交……

這樣的企業亂象其實非常普遍。如何讓企業管理井井有條，如何讓員工清晰地樹立工作目標，積極行動，這或許並不是靠強制命令能解決的問題。面對這種局面，管理者如果能透過提問的方式來引導員工，或許企業的管理會是另一番局面。

實際上，如果能透過提問和引導來讓員工自己回答與解決在工作中出現的問題，效率會更高，因為解決方案都是員工自己尋找出來的，他更容易理解和執行。但這也對管理者提出了極高的要求，那就是管理者不但要學會提問，更要學會如何正確提問。

相比直接給出答案和解決方法，正確的提問其實並不容易。而要提出有價值並可以激發員工想法的問題，就更為困難。這是因為管理者不僅需要了解員工的想法，理清整個事情的背景，更要掌握一些提問的技巧，明白提問的策略，還要循循善誘。管理者作為整個環節最重要的提問者，不僅需

要掌控全域性，還要了解每一位被提問員工的個人情況。

在充分了解後，管理者要用框架性的思維幫助員工找到問題的答案，而且為了深入淺出地提問，管理者要有高度的耐心和精力，在員工提出一個觀點的時候，抓住重點，發現矛盾。在此基礎上，還要讓員工繼續保持思考熱度，把其中的亮點擴散，推向深入，努力探尋問題的本質，最終幫助員工找到解決問題的最佳途徑，如圖 2-1 所示。

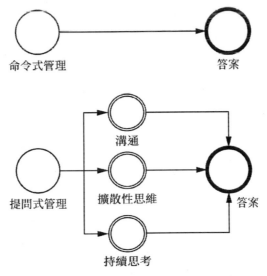

圖 2-1 用框架式思維幫助員工找到答案

傑克·威爾許（Jack Welch）曾經擔任奇異集團 CEO 長達 20 年，被稱為「世紀 CEO」的他也的確有其獨到的管理才能。有人曾經採訪過威爾許，問他是如何做到為整個企業的各個產品——燈泡、電腦、渦輪發動機和醫療裝置做出決策的。

　　威爾許是這樣回答的：「我不為這些事物做決策，而是提問。」他的工作不是為冰箱選個顏色，或者決定冰箱門把手的尺寸和冰箱門應該朝哪個方向開。威爾許工作中最主要的一點就是提問。例如：義大利人能以更便宜的方式生產這個嗎？我們應該將它外包嗎？威爾許認為，他所做的一切就是提出問題，激發員工的想法，並讓員工把這些想法付諸行動。

　　如果身居管理位置卻事無鉅細地插手各種事物，數十人的小公司或許還能勉強應付，要面對一個大的平臺時，這種管理方式就會讓企業陷入混亂。而像威爾許這樣透過提問，將小的問題放手，將大的問題延伸，才是管理之道。

　　正如伏爾泰所言：「判斷一個人，看他的回答，不如看他所提出的問題。」好的提問，彰顯的正是管理者卓越的領導能力。

　　學會提問固然重要，那倘若威爾許問的盡是這樣的問題：這款冰箱的效能與以前相比有什麼變化嗎？我們的產品相對於其他品牌來說有什麼優勢……員工就會無所適從。畢竟大而空的問題，既不能激發員工的積極思考，也不具備前瞻性和引導性。所以，管理者要學會提問，更要學會如何提問。

　　一般來說，管理者可以從以下幾個方面提出問題。

▸ 某件事情的具體情況是怎樣的？請盡可能簡潔明瞭地描述一下。

▸ 未來這個事情要達到什麼樣的目標或狀態？你怎麼看？

▸ 目前情況如何？與未來的目標到底有多少差距？

▸ 為了實現目標，需要籌劃哪些事情、克服什麼困難？

▸ 如果未來可以實現某目標，對企業的好處是什麼？有沒有不好的地方，是什麼？

▸ 在實現目標的過程中，你有沒有什麼顧慮？

▸ 如果有顧慮，你覺得自己應該做哪些方面的嘗試以排除顧慮？

▸ 整件事情的時間安排是怎樣的？

▸ 在所有過程中，你有沒有需要我幫助的部分？

▸ 針對這件事情再思考的時候，你之前的計畫有沒有需要調整的地方？

　　下面這位總經理的提問，就使用了上面所說的一些方法，巧妙解決了問題。

　　總經理：××總監好，請坐。（從老闆桌走到會客桌，倒了一杯茶給總監，這是溝通前的連結）

　　總經理：最近辛苦你了，這個月的銷售額還好吧？（把問題拋給對方）

　　總監：報告總經理，這個月的銷售額不是很理想。（總監自我評價）

　　總經理：我看到你很努力，如果這個月的銷售額完美達成是 10 分，那你給自己打幾分呢？（再次把問題拋給對方）

　　總監：如果實在要打分的話，我給自己打 6 分。

　　總經理：噢，什麼原因給自己打 6 分？（再一次用提問讓對方找原因）

　　總監：A 沒做好，B 沒做好。

　　總經理：還有嗎？

　　總監：C 沒做好，D 沒做好。

　　總經理：在 A、B、C、D 這些問題中哪些是你要重點提升的？

　　總監：A 和 B 吧。

　　總經理：很好，什麼時候開始呢？

　　總監：下週三。

　　總經理：很好，加油！對了，還有半個月的衝刺，你準備從 6 分衝到幾分呢？

　　總監：8 分吧。

　　總經理：你的意思是要多增加 2 分對吧？如果多做些什麼，可以衝到 9 分嗎？

　　總監：這個我沒想過。

　　總經理：哦，沒關係，如果我們從現在開始想呢？

　　總監：A 和 B。

　　總經理：還有呢？

　　總監：C 和 D。

　　總經理：還有呢？

　　總監：還有 E 吧。

總經理：非常棒！你有很多好方法，加上你的經驗，一定可以完成！

總經理：需要公司提供什麼支援嗎？

總監：目前沒有。

總經理：很好，計劃從什麼時候開始執行？

總監：下週一會開始全部執行。

總經理：好，祝你成功！（握手）

其實，一般人在提出問題時，往往索取答案是最主要的目的。而這位總經理並沒有把獲得答案作為目的，而是在不斷提問的過程中，幫助總監理清思路，並從中發現了關鍵資訊。透過連續的刨根問底，問題的解決方案往往會清晰地浮現出來，如圖 2-2 所示。

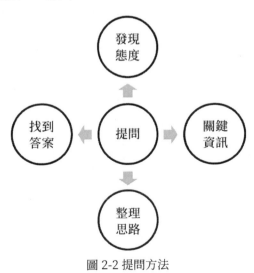

圖 2-2 提問方法

要知道，普遍意義上的管理，總是透過下達任務命令而實現的。而透過提問進行管理，可以啟發員工思考，管理者與員工的思維都能在思考問題和提出解決方案時得到拓展，以便更好地溝通。

現代管理學之父彼得·杜拉克（Peter F. Drucker）曾經說道，當他的經理在向他提問時，他自己都不清楚到底誰受益更多，因為教的同時也是學習的最佳時機。

而在管理者提問的過程中還有一個很重要的考量因素，那就是提問的態度與方式。如果管理者在提問時，忘記自己的初衷，不以一種傳遞溝通訊息的角度出發，僅僅是不斷發問，不給員工留下思考的時間，並且不顧及員工的反應，最後自然也不會達到想要的溝通效果。雖然這樣的過程從表面上看，仍然是一個提問、回答的機制，但是並不會產生什麼「正效應」，在管理者滔滔不絕「提問」時，可能員工根本沒有聽進去，也自然不會有任何思考的機會。

員工在被提問時，管理者可以進行相應的干預。例如：在提問過程中加一些引導性的言語，主動激發員工往某一個方向思考，以便給出令管理者較為滿意的答案，如果員工最後可以得出與管理者一致的想法，那麼提問溝通的目的也就達到了。

02 我為什麼這麼做？他為什麼那樣做

人和人之間最難達到的狀態並非有效統合，而是充分理解、完全默契。在現代企業執行的過程中，管理者無時無刻

不希望看到公司猶如精密嫻熟的機器運轉，每個人和其他人配合得力、溝通順暢，從而提高業績、擴大影響。但事實上，管理者卻不得不面對很可能相反的事實：在許多企業中，決策層、管理層和執行層之間差異頗大，三者之間經常在缺乏理解的基礎上各自工作，造成的結果則是「帥不知將、將不知兵」。決策時形成的良好意見，在管理中發生「變形」，再到執行中，則更有可能千奇百怪、各行其是。

這種持續的「變形」，讓企業管理走向低效。管理者除了日常領導中的不斷開會、決策、監督、考核之外，不應忘了用提問去啟發下屬統一思想，跟隨決策，其中最重要的問題就是「我為什麼這麼做？他為什麼那樣做」。

眾所周知，由於職位不同、職責不同和自身利益不同，企業內各個部門和員工在思想上、方法上，始終存在著各種差異。即使是在相同的職位上，不同員工由於性格特點、教育背景、專注程度的不同，也會展現類似差異。如果任由這種差異擴大，企業的管理就難以形成統一、有效的力量。為此，管理者必須促進公司內部的溝通氛圍中產生「探詢—發現—解決」的文化，盡量消除不必要的差異，並達成組織內部的高度團結。

一般來說，管理者可以針對某項工作，對不同員工提出以下問題。

▸ 這項工作的要求、目標和價值是什麼？你打算怎麼做？別人可能怎麼做？

▸ 你這樣執行的理由是什麼？重點解決什麼問題？別人呢？

▸ 你是否考慮過不同方法會分別帶來怎樣的工作結果？

▸ 你和那些方法不同的同事有過交流嗎？

▸ 在執行中，你發現自己的方法有哪些優點？別人的方法有哪些優點？

▸ 你能否吸收他人工作方法的優點？有沒有想過如何讓其他人承認你的優點並向你學習？

▸ 你是否和同事溝通？如何協調才能統一整個部門的工作節奏？

下面這位管理者與下屬的問答，就巧妙地利用了上述提問重點，幫助下屬思考「我為什麼這樣做，他為什麼那樣做」的問題。

管理者：你認為，你們部門提交的這份市場行銷企劃書怎麼樣？

行銷經理：這份企劃書重點展現了擴大公司新產品品牌市場占有率這一目標，而並沒有涉及太多其他方面的闡述，之前我們也曾經打算這樣做過，但效果不好。我覺得這次效果不錯。

管理者：你們以前這樣做過？是嘗試將觀點貫穿到整個

企劃中，引起公司決策層的注意？

行銷經理：並不完全如此。以前做得並不夠。

管理者：你發現了這一點，很好。這次你們為什麼側重提占有率？

行銷經理：公司打算用今年新產品的高市場占有率，迅速擴大企業品牌影響力，這是既定的策略目標。而該產品在新產品系列中屬於旗艦類，能第一時間吸引終端消費者的注意力。

管理者：我覺得你的理解很到位。我想你也看到了市場部做過的類似專案企劃書。

行銷經理：是的，我看過了。

管理者：那麼，他們如何看待這個新專案？

行銷經理：嗯，他們主要站在通路商的角度，具體探討了怎樣在通路行銷中落實優惠政策，從而迅速擴大占有率。

管理者：你覺得他們的做法重點和你們的有什麼結合點？

行銷經理：我想，我們還可以在企劃書中加入更多實際操作的部分，並和銷售團隊一起充分準備，爭取加快進行。

管理者：我相信你的這種體會能夠為新專案啟動帶來最好的選擇。

在這次問答中，管理者利用了行銷經理對本部門企劃書的熟悉、對市場部門企劃書的了解，進行了有效提問。在這樣的提問中，行銷經理感受到自己的工作得到管理者的關

注，並有興趣繼續思考，發現其他部門類似工作的優點。這樣，管理者的工作指導就不再是空穴來風，而是能夠站在尊重與理解下屬的基礎上，帶領他們站到新的高度，站在企業工作的全域性角度看待自身應該履行的責任。

對於不同的員工，管理者都可以使用這樣的提問方法，促進他們的思考。

例如：一些員工習慣於獨立思維，並不完全為權威力量所說服。相反，他們認為自己作為工作的主體，就應該得到完全的資訊，管理者不僅應該關心他們的工作結果，也應當關心他們工作的過程，這樣才能進行同樣理性的引導。因此，當他們從提問中發現領導賞識其工作過程中所展現的個性、能力，並因此而產生感激時，他們就會受到很大的鼓勵。由於這種激勵，他們會用繼續關注「別人怎樣做」的方式表現出來。

另一些員工（尤其是年輕員工）對直接批評很敏感，他們關注自身能否得到足夠尊重，也很在意領導者是否公平。面對這樣的下屬，如果直接用「看看別人做的，你們應該學習」之類的強硬語言去命令，他們就很難接受。即使表面上學習和執行，實際上也無法做到位。管理者必須用智慧、精力、感情循循善誘，讓員工看到自身執行中的不足，改正方向上的偏差。

還有一些員工喜歡透過推理判斷來獲得結論，並接受基

於這種結論的管理。對這類員工的領導，更適合利用「為什麼這樣做」的問題。管理者可以用「工作之前是如何進行調查的」、「基於哪些方面進行調查」、「調查的結論和別人的結論有哪些不同」等問題，幫助員工回顧整個工作過程。只有這樣，他們才能逐漸和管理者達成共識。對於這類員工的提問，應該有足夠的耐心，讓他們在回答問題中慢慢體會。除了提問之外，管理者還應該鼓勵他們積極感知，甚至讓他們在各自的工作間隙演示，最終實現工作理念上的昇華。

03　你為什麼這麼管理企業

在現代企業的發展過程中，企業領導者從管理方法的創新中受益匪淺。例如：與技術和產品的革新相比，品牌管理、事業部管理等方面的創新，在許多傑出管理者手中，為企業創造了持久的競爭優勢。

當今天的管理者面對管理團隊時，不僅應當滿足於他們對日常管理的兢兢業業，還應該啟發他們在職位上的創新管理方式，激勵他們尋找統合、領導、協調和激勵基層員工的創新者。試想，如果公司內部的管理團隊中有越來越多積極反思、勇於改變的管理先行者，能夠在不同程度上對原有方法加以革新，企業當然能夠獲得令競爭對手羨慕不已的效能。

但奇怪的是，很少有公司的管理者會真正持續觀察、了解和詢問管理團隊，他們也並不以「你們為什麼這樣工作」來啟發下屬。相反，許多公司都強調系統性地設計業務流

程，從基層職位到小組、部門，再由部門管理者向總經理、管理者匯報。在這種情況下，不同環節即使能夠流暢無阻，也會因為缺少提問和反思，而逐漸減少管理創新。

那麼，真正成功的企業管理者是怎樣向管理團隊提問的呢？

第二次世界大戰結束後，豐田汽車陷入了困境，每年汽車銷售量只有 3,000 多臺，企業幾乎瀕臨破產。為了挽救這家企業，豐田汽車創始人豐田喜一郎起用大野耐一，要求他打造新的現場管理方法，降低成本，消除不必要的浪費，用 3 年時間趕上美國。

接到這個任務，大野耐一日思夜想，參觀考察了美國福特汽車公司的工廠。他回國之後，豐田喜一郎和這位下屬有如此的問答對話。

豐田喜一郎：透過參觀福特，相信大野君也看出來了，美國的生產效率比日本要高出幾倍。從現有的情況來看，究竟是什麼問題最嚴重？

大野耐一：我們的現場生產存在著巨大浪費。在豐田汽車這樣的綜合工廠內，如果無法將每個必要的零部件都準時集中，並迅速運送到裝配線上，就必然產生人力、物力的種種浪費。

豐田喜一郎：那麼，福特公司的流水線管理方式是怎樣的呢？

大野耐一：每個環節之間井井有條，生產線的運轉能夠和生產製作時間完全同步。

豐田喜一郎：我們豐田工廠現在的管理方式呢？

大野耐一：很遺憾，目前還採用「以裝置為中心進行加工」。

豐田喜一郎：這種生產方式是如何計劃與管理的？

大野耐一：我們由生產計劃部門將計畫發給不同工序。但由於每個工序的特點不同，有的工序生產部件多，有的工序生產部件少。整個計畫都像在推動零件按照流程進行著。

豐田喜一郎：你是不是已經有了改進的主意？

大野耐一：沒錯，之前我從美國超市的取貨流程中想到，如果可以逆反現在的流程，從後工序到前工序來進行取件，那麼，推動式生產就會變成拉動式生產。只有最後一道工序拉動，然後上一道工序才會緊接著運轉，這樣，零件的庫存就消除了，浪費現象也就大大減少。這就是我打算對管理方式加以改革的思考。

豐田喜一郎：很好，請按照你的設想放手去做，我一定堅決支持！

其實，豐田喜一郎對工廠生產流程中出現的浪費現象也有著足夠多的觀察和思考，但他並不馬上告訴大野耐一。相反，在這位下屬考察回國之後，豐田喜一郎採用了詢問「為什麼這樣管理」的啟發方式，讓大野耐一主動對比美國和日

本現有管理方式的區別,並深入到結果表象之後的原因進行分析。正是透過類似的反覆問答,大野耐一堅定了信心,開創日後發揮重要革新價值的豐田生產法,成就了豐田汽車企業的輝煌。

管理者是一家企業實際營運效果的最高負責人,因此他不可能事必躬親,隨時關注到每個管理細節,也不應總是要求不同層級的管理者該如何做。但這並不意味著管理者忽視和實際管理團隊成員之間的積極連繫,相反,管理者應該經常圍繞管理過程、管理效果等客觀現象同下屬溝通,並利用「為什麼這樣管理」開啟溝通之門。

具體來看,下面這些問題是應用時值得重視的。

▸ 你的這種管理方法是針對什麼問題而提出的?

▸ 目前普遍應用的方法與你的方法有什麼不同?

▸ 是否考慮過對現有管理方法加以改進?

▸ 管理對象對你的方法有無回饋?

▸ 這種管理方式,競爭對手企業是否也在使用?

▸ 不同的管理方式在企業或部門(包括你個人)中,分別消耗了哪些成本?

▸ 如果換一個人到你的職位來管理,你是否還建議他使用類似的管理方法?

▸ 客觀來看,你的管理方法有多大的推廣價值?應該建議哪些職位或部門採用?

　　用這些問題來和下屬溝通時，企業管理者不妨根據其特點使用不同問題進行重點突破。

　　對那些管理業績不錯、已經在自身職位上打造出成熟團隊的下屬，管理者應該先肯定其管理方法的正確性。隨後再結合現有不足，以「當初是如何設計管理方法的」等問題作為開場白。當下屬回顧了最初設計管理方法的動機後，管理者可以詢問現有環境和當初環境的不同，如市場環境不同、產品不同、員工特點不同等。這樣，下屬就會自然而然地想到，有必要去調整延續已久的管理方法，哪怕他們每次問答之後只能找到一兩個可以改善的點，但積少成多後也會取得不錯的效果。

　　相反，對目前管理業績平庸、員工團隊建設不足的下屬，管理者則可以透過詢問目前的管理困難開始，當下屬開始列舉困難後，用「面對困難，你覺得應該怎樣設計管理方法」為重點問題，幫助員工發現其現有方法中的不足。同時，還應該將每個困難對應現有管理方法中的措施，逐一詢問「你為什麼要用這種方法來應對」，最終讓下屬發現其面前的困局並著手改進。

　　不妨看下面這段問答。

　　管理者：陳經理，你的生產部門最近質檢合格率有所下降，你感覺有哪些困難？

　　陳經理：由於年初離職員工較多，目前新員工不少，他

們不是很熟練，業務能力不夠，責任心也有些不足……

管理者：嗯。新員工不熟練是完全正常的，那麼，你是否還在用定時完成指定數量產品的措施來要求他們呢？

陳經理：哦……這個……一直以來，確實都是這樣做的。

管理者：為什麼以前都是這樣管理的？

陳經理：因為以前員工都很熟練，他們希望透過提高速度來獲得獎金，部門也可以推進績效考核的進展……我明白了！我馬上調整原有的管理方法。

透過類似的問答，管理者不僅能讓負責管理的下屬了解他們自己應該做什麼，還能幫助他們探詢為什麼要這樣做。比起單純的指示，詢問原因的溝通方式更容易深入心靈、啟迪智慧。

04 企業管理，下命令就夠了嗎

企業管理除了日常工作的監督、回饋和考核之外，更離不開決策層、管理層和執行層三者之間的有效溝通。有了溝通，資訊才能有序及時地由上而下傳遞，實現有效共享，企業內部的資源才能得到準確精細的分配。

對於基層員工來說，這樣的溝通更不可少，這是因為這些員工大都從事著具體的工作，如生產某個零件產品、銷售某個單一商品或者聯繫某些大客戶、供應商等。如果管理層不能及時從領導層那裡獲得指示，就無法充分將決策分解並傳遞。因此，幾乎每個企業都重視並強調溝通的重要性。

令人遺憾的是，在許多企業中，由於管理者缺乏足夠的關注度，往往出現下面的現象。

在管理者主持的管理層會議上，一個新的專案決策產生了，決策檔案被發放到每個部門經理的手中，管理者向他們強調了執行的重要性，並提出了時間和品質要求。隨後，部門經理回到辦公室，又照本宣科地召開了內部會議，每個組長都得到了指示，清楚自己應該完成什麼任務。他們回到自己的職位，以直接命令的形式，要求每個下屬準時完成所分配的任務……層層會議和指令之後，基層員工拿到的只是帶著冰冷數字的要求，面對這樣的命令，他們最多只有在理性上被動接受和行動，卻早已感受不到管理者最初提出的策略思想的精華所在。

之所以會產生這種現象，是由於從管理者開始就喜歡用命令的方式進行領導，管理層亦步亦趨，同樣用命令的方法來完成溝通。結果，溝通成為單向的強調，起不到團結整個企業、統一執行步調的重要作用，如圖 2-3 所示。

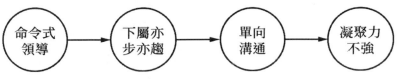

圖 2-3 命令式領導的特點

針對此種弊病，一位美國心理學家根據多年企業管理的經驗，告誡每個企業領導者：「對待下屬不能單一用命令的方

式，而是要用詢問的方式。」詢問，能夠讓溝通變得更具針對性，能夠結合不同對象的實際情況和要求，讓溝通產生直接的指導與回饋作用。藉助詢問，無論是管理者還是下屬，都能夠獲得更好的管理效果，提升個人與集體的工作效率。

美國歷史上傑出的企業家、美國無線電公司首任董事長兼管理者歐文·楊（Owen D. Young），就是善於利用提問來取代命令的領導者。他的傳記作者伊達·塔貝爾（Ida Tarbell）女士，在作品《歐文·楊傳》中描述過這樣的細節。

歐文先生從來不會直接給什麼人下命令，也不會指使對方去做事。他的表達看起來都是建議，而不是命令。例如：歐文先生對下屬從不會這樣說「去做好這個，去做好那個」，也不會說「別這麼做，別那麼做」；相反，他的表達方式是「你可以考慮這樣做」或者「你覺得這樣合適嗎」。

即使在與個人祕書一起工作時，歐文先生也不會採取命令的方式。他口授一封信之後，只會心平氣和地向祕書提問：「你覺得這樣寫如何？」在看完祕書寫的信之後，歐文先生會發現一些需要修改的地方，但他不會直接讓祕書修改，而是提問說：「也許這樣寫會更好點？」

歐文先生總是用提問的方式傳遞意圖，讓下屬親自選擇這樣做或者那樣做的機會，他不想用命令的方式強迫下屬，而是留給他們應有的機會從錯誤中獲得經驗。

　　或許，歐文‧楊這種善於提問的溝通態度，和其所處年代、個人氣質有著密切的連繫。但即使是快節奏的當代企業中，用提問而非命令的管理態度也能夠充分提升管理效率。簡單直接的命令能在最短時間內讓下屬明白，但其內心往往是牴觸的，相反，採用提問方式能打動對方的情感，使他們跟隨領導者的思維運轉。

　　不妨看下面兩個例子。

　　在一家公司中，管理者需要生產部門在節假日期間用更高的加班薪資使員工上崗，但生產經理對此有不同的看法，他希望減少節假日產量、壓縮加班以節省部門開支。

　　管理者：客戶要在短時間內拿到這批貨。

　　生產經理：困難太大了，不少員工已經買了返程的火車票，而且通知得太突然了。

　　管理者：是這樣，但這也沒有辦法，我們畢竟是生產型企業，要一切為客戶著想。

　　生產經理：能不能想辦法請市場部門協調一下，再延後一點？

　　管理者：這是不可能的。你立即安排下去吧！就算調整一下加班薪資也可以！

　　生產經理：……好的。

　　這次工作安排表面上雷厲風行，但實際上卻沒有解決下屬內心對決策的認同問題。可想而知，當這位經理回到自己部門，又會用怎樣的心態和方法面對員工。

如果採取提問的方式進行溝通，效果會迥然不同。

管理者：客戶提出希望盡快拿貨，各位有什麼辦法可以處理？是否能調整員工的休假時間？

生產經理：困難太大了，不少員工已經買了返程的火車票，而且通知得太突然了。

管理者：是這樣，但這也沒有辦法，我們畢竟是生產型企業，要一切為客戶著想。給員工提升加班薪資或者在節後予以調休呢？

生產經理：嗯，您的意思我明白。既然這樣決定了，我盡量去做，確保完成生產任務！

這樣的管理溝通既達到了目的，又減弱了彼此之間身分和權力造成的差距感，消除了下屬的內心壓力，也解決了決策進一步傳遞的障礙。

在管理者面對下屬的大多數溝通場合中，應該注意下面的技巧，如圖 2-4 所示。

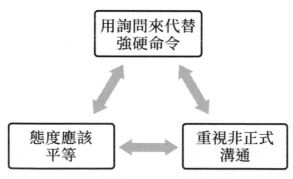

圖 2-4 管理者面對下屬的溝通技巧

　　首先，用詢問來代替強硬命令。管理者位高權重，似乎並不需要考慮下屬希望怎樣的溝通，但其實，管理者應該擺脫思維定式，思考下屬是否真正願意做好某件事，然後再決定溝通方法。

　　為此，管理者可以採用詢問的方式了解下屬內心的真實想法，並同時用較為婉轉而利於接受的方式傳達自己的命令。

　　例如，可以在溝通中先了解下屬的工作進展，然後再用問題引出希望指示的方向，如：「你認為這方面的工作應該如何進行？怎樣做才能解決問題？」當下屬開始思考對策時，再傳遞你的意圖。

　　其次，態度應該平等。下屬也是普通人，無論他們的能力多強，當和管理者面對面時，就會容易產生拘束感。因此，管理者需要用較為和緩的態度提問，除了說話本身的商量口吻之外，還需要透過語氣、語調、表情和動作等細節來展現。

　　最後，重視非正式溝通。不要總是在集體會議上發布命令，不妨和那些重要下屬保持一種近乎親友式的關係。這樣，下屬就會對你產生理解、尊重和情感交流。還可以在公司網站的信箱系統、個人手機行動終端上進行非正式溝通，這種溝通能設定良好的情境，方便管理者向下屬提問，並了解他們對問題的真實想法。

05　出問題，是他一個人的責任嗎

如果找出歷史上走向失敗的企業，研究其中存在哪些管理弊端，出現最多的是「員工出問題」。無論管理者所領導的是集團式企業，還是一家小型的傳統家族企業，或者只是非營利機構，員工問題的破壞性都是相當驚人的。

一位顧客走進某連鎖零售集團的超市門市，她找不到自己想買的東西，但卻碰見了兩位正在理貨的員工，於是走到她們面前打算詢問，但她們卻依然在忙碌，似乎視若無睹。最終，這位顧客遺憾地搖搖頭走開了，她不希望讓自己成為「干擾別人工作的麻煩」。

在一家汽車公司，工程師們集體抵制一個最新的設計，儘管其價格更低、結構更加堅固、外形更加美觀，但工程師們的傳統理念無法接受這一點。他們在資深前輩的帶領下，向生產、市場部門反映問題，最終管理者只好妥協。

類似的事情不斷發生，讓管理者們煩不勝煩。公司如果不解決這樣的問題，勢必難以生存、發展。但在面對員工問題的時候，管理者有必要問一句：出現問題，真的只是員工一個人，或者幾個人的責任嗎？

問題的出現當然和員工有關，但管理者應該了解，更多時候員工之所以出現問題，還源自企業的大環境：無論是管理不善、制度不嚴，還是資訊傳遞的失誤，或者是硬體、軟體資源的分配不當，都會導致員工工作出現問題。透過提問

發現問題的根源所在，解決麻煩就會變得簡單而有效。

與此同時，作為企業工作的一線參與者，員工往往對自己周圍出現的問題更具有發言權，也能夠直接有效地將問題產生的原因呈現出來。

如果真正思考過這些，管理者就會懂得如何在企業管理的過程中，展現自己和下屬、下屬和員工之間的合作關係；就會用提問和聆聽的方式，發現員工出現問題的根源，尋找解決的方法。

盛田昭夫是日本索尼公司的創始人，在創立索尼之後，他意識到，除了應該研究理論和策略發展之外，管理者還應該切實努力，和員工一起為偉大的目標而奮鬥。因此，當公司決定「造一部錄音機」時，他和研究開發人員從零開始，經過反覆試驗和努力，取得了成功。然而，這時候市場上也有其他對手研發成功，競爭激烈起來。

某一天，索尼公司提前談好生意，將貨裝好，但沒想到負責運貨的公司遲遲沒有派來車，這導致公司無法按時交貨，失去了這筆生意。在簡單的會議之後，有人建議盛田昭夫追究和貨運公司聯繫的那名員工的責任。下面是當時的對話。

盛田昭夫：這名員工的確是和貨運公司溝通的，他沒有及時與對方聯繫嗎？

下屬：該員工提前和貨運公司聯繫，但隨後又說對方不承認了。總之，沒有溝通和保障好，他還是有責任的。

盛田昭夫：他的確有責任，但我們應該想一想，只有他一個人有問題嗎？

下屬：這個……

盛田昭夫：員工控制不了貨運方面，貨運司機只是我們的合作者，我想這名員工是打算盡職盡責的，他對這樣的結果恐怕也無能為力。難道處罰他一個人是公平的嗎？

下屬：的確不公平。

盛田昭夫：那麼，如果無法第一時間掌握所有情況，我們可以做什麼以降低重蹈覆轍的機會？

下屬：我們可以列出清單和準備好計畫，下次再出現這種問題時，就能夠用備用方案了。

盛田昭夫：好的，辛苦了，去做吧！

會議結束後，公司並沒有處罰那位員工，而是讓他起草了方案，包括聯繫新的貨運公司，再出現類似情況時如何及時溝通、準確更換貨運公司並確定送貨的路線地點等。自此以後，公司的貨物配送再也沒有出現問題。

公司的管理確實需要解決問題，但很多問題並不只是追究一兩個人的責任就能解決的。作為最高領導者，管理者應該有明察秋毫的眼光，只要確實不是員工主觀惡意導致，就沒有必要簡單處罰了事。即使員工個人問題較多，管理者也應該和其他管理人員共同找出管理制度中的漏洞，避免再次出現類似的個人問題。

當企業中出現員工問題時，管理者應該先壓抑內心的情緒，同時化解下屬的尷尬、自責和惱怒，並提出下面這些問題。

▸ 員工的問題是否是因為其缺乏工作技術？

▸ 員工的職務安排是否正確？有無可能是職務問題導致其行為錯誤？

▸ 圍繞該員工職位的工作結構，是否明確詳實？

▸ 員工工作問題的產生，是否和其個性、環境問題有關？

▸ 該員工是否承擔了過大的工作壓力，或者恰恰相反？

▸ 員工在家庭、金錢、健康、訴訟等方面是否存在困擾問題？

▸ 出錯之後，員工自己有什麼樣的認知？

透過類似問題，管理者可以很好地幫助員工共同彌補漏洞、減少損失。在提問的過程中，管理者應該保持應有的開闊氣度，對下屬的失誤用寬容的姿態對待，盡力幫助下屬改正錯誤，而不是一味打擊。同時，管理者還可以與中層管理人員、犯錯員工共同討論，直接詢問上述問題，允許他們做出解釋，即使其解釋是主觀和片面的，也有利於領導層更準確地了解原因，確定解決辦法。

最後，找到犯錯的原因之後，管理者還不應放過進一步提問的機會。可以用「新的做法是否能夠被推及到其他部門」、「解決問題過程中，你們發現了哪些機會」等問題，將

每一次對員工錯誤的處理，變成指導企業所有員工一起成長的機會。這樣，一個人犯錯之後，可以透過管理者的有效提問，變為全體人員借鑑的經驗，創造出良性互動、積極分享的事業環境。

第03章
如何向客戶提問，才能傳遞熱情

01 他為什麼選擇了你的企業

無論企業大小，客戶與業務的管理都是非常重要的。但許多管理者眼中的客戶管理多年如一日，幾乎沒有什麼變化，只關注每天從部門經理那裡拿到的生產、銷售和庫存數，而對企業的目標客戶究竟在哪裡、現有客戶為什麼會選擇自己、怎樣圍繞客戶對業務流程進行革新和控制等問題缺少有效思考，甚至根本不思考。

正因為管理者很少問下屬「客戶為什麼選擇我們」這樣的問題，很多企業在客戶尋找和定位、客戶資料管理、客戶服務等領域，存在著明顯的欠缺和問題。需要明確的是，這裡的客戶是指與企業發生各種合作關係的所有客戶，如供應商、銷售商、終端客戶、合作企業等。

許多管理者並不清楚這些客戶的具體數量，也不知道目前需不需要尋找客戶。透過各種管道蒐集到的客戶資料，管理者也很少仔細過目，以至於頭腦中難有具體的概念。結果，許多老客戶感覺自己是新客戶，雖然購買了多次商品，卻沒有見過企業的管理者；反過來，即使企業為客戶提供了許多服務，客戶還是因為這一點而抱怨沒感受到服務。

想要解決類似問題，管理者必須親自和客戶進行積極有

效的溝通，不僅要針對那些新客戶展開詢問，還要積極諮詢了解老客戶，弄懂他們需求的整體性和變化性。即使管理者無法與每個老客戶面對面接觸，依然可以透過詢問和指示下屬來完成這樣的溝通。

勞力士作為頂級腕錶品牌，始終被認為是效能和尊貴的象徵。例如：勞力士最初的標誌是一隻代表手工打造效能的手掌，之後則逐漸演變為皇冠。這其中，對客戶需求、客戶需求傾向性的了解，為其市場領導者地位奠定了基礎。

下面是勞力士第三任管理者海尼格（Patrick Heiniger）和下屬的一段對話。

海尼格：我們的客戶定位是什麼樣的？

行銷經理：如您所見，勞力士一直定位為成熟、有品味、懂得鑑賞而且勇於自我肯定的那些客戶。

海尼格：是的，我們可以為他們分類嗎？畢竟，不同客戶的需求是不同的，我們應該知道他們各自為什麼選擇勞力士？

行銷經理：嗯，這個，有些客戶是追求鐘錶功能專業化的。例如飛行員、旅行者或者需要經常出國的商務人士。他們需要鐘錶有高品質、多功能，可以適應種種需求，如潛水、飛行、探險或者時區轉化等。

海尼格：你說得沒錯。那麼，有沒有客戶不是為了實際功能而選擇勞力士的呢？

行銷經理：當然有，如成功的企業家、藝術家、皇室貴族等，他們雖然並不在乎功能，但追求身分或者社會地位。擁有勞力士能夠展現企業家的身分地位，也能展現出藝術家的出眾氣質品味，

海尼格：是的。這樣的客戶都是喜歡追求奢侈消費品的，他們會把勞力士看作裝飾品。那麼，還有客戶因為其他原因選擇我們嗎？

行銷經理：還有公眾人物、社交明星們，他們是輿論的核心、媒體的焦點，總是保持著相當高的曝光率。他們想要擁有引領時尚的地位，從而突出自己的品味和修養。其中一些人也懂得欣賞機械手錶的製作工藝，研究我們的獨特發明和設計，從中閱讀鐘錶發展歷史等等。所以，他們會比較喜歡收藏有特別意義的舊款式鐘錶，並將之作為個人愛好。

正是由於管理者經常會提出類似問題，勞力士才能始終秉承客戶要求來構建品牌文化。在那些成功的企業中，管理者很少具體過問產品品質和服務的細節問題，這些更多的是具體負責的不同部門領導必須著手解決的。相反，管理者應該透過提問，關注那些最簡單、最直接的焦點，包括下面這些問題。

▸ 客戶是否能在我們這裡獲得更優惠的價效比，即以更小代價獲得更大價值？

▸ 產品是否能給客戶足夠有吸引力的承諾？或者帶來更多的延伸服務？

▶ 客戶是否因為受到重要人物的影響而選擇我們？

▶ 客戶是否因為被行銷人員個人魅力所吸引？

▶ 我們的企業是否做到了競爭對手所做不到的服務？

▶ 我們的產品生產、供應是否能在時間上領先競爭對手？

▶ 公司有不同的優惠政策，能夠滿足顧客的需求嗎？

對於那些重要的客戶，管理者可以親自詢問他們上述問題，這對於了解他們的需求和觀點是非常重要的。在平時對下屬的指導中，也應給他們提供這些詢問內容，幫助他們盡快了解客戶的購買動機和消費觀點。需要注意的是，在詢問這些問題時應盡量抓住客戶購買的時間點，簡單明瞭地提出來，以迅速縮短和客戶的距離，創造舒適和融洽的溝通氣氛，使企業在銷售過程中占據主動地位。

02 營造溝通氛圍的 5 個關鍵

雖然管理者並不是企業內接觸客戶的一線人員，但管理者和客戶的溝通過程，卻很可能決定著最終的銷售成效。在一般情況下，當客戶已經接觸管理者時，對企業的產品與服務已經有了基本的認知和了解，管理者需要做的不是馬上再次重複那些資訊，而是和他們進行充分的情感溝通，讓顧客意識到「我和你是同一種人，有同一種需求」。這正是營造良好溝通氛圍所需要達成的目標。

在很多失敗的溝通中，管理者越是想苦口婆心地將企業產品的價值推薦給客戶，客戶往往越不買帳；管理者將自己

的產品描述得越好，客戶越覺得不可信任；管理者越熱情，客戶卻越覺得虛情假意。這是因為客戶能夠接受一個基層銷售員這樣做，但當管理者這樣做的時候，客戶就會產生本能的戒備心理。

掌握營造溝通氛圍的 5 個關鍵，可以幫助管理者改善這樣的狀況。

田中先生進入美國一家知名熱水器公司工作，兩年後擔任亞洲地區的總經理。

為了獲得市場調查的第一手資料，田中先生不止一次親自到賣場，與門市的促銷員、消費者交流。他認為，這裡能獲得大量有效的消費者需求資訊。為了調查工程師設計的「電話遙控熱水器」專案，田中先生特別利用一次管理者簽售活動，和普通消費者進行了如下溝通。

田中先生：您好，今天來看看熱水器？是本地人吧，家裡幾個人？

顧客：您好，我是打算隨便看看。家裡就三個人，不是本地的，我們是北海道過來的。

田中先生：啊，那這裡冬天有點冷吧？

顧客：就是說啊，所以打算買個大一點的熱水器。

田中先生：我們家熱水器有一系列的高熱能產品，效果都不錯，事先了解過嗎？

顧客：當然，現在買東西都得先上網做好資訊準備。

田中先生：那是當然，要不怎麼說「外事不決問 Google」。

顧客：哈哈，您說得一點也沒錯。

田中先生：其實網際網路和熱水器一樣都提供了很多方便，我聽說有款電話遙控熱水器，利用電話和網際網路就能遙控開關家裡的熱水器，很方便的。您聽說過嗎？

顧客：我覺得這種功能有點多餘，我們都是老百姓，過日子講究實惠。洗完澡就不會再開著熱水器了，更不會人不在家的時候燒熱水，太浪費了。

田中先生：嗯，是這樣的，您說得沒錯。

就這樣，田中先生開啟了顧客的心門，獲得了他們對於產品的第一手建議，最終還是否決了這個專案。如果他從談話一開始就擺出「我是企業的大老闆」這種態度，以公事公辦的語氣直接進行調查，那麼顧客也很可能敷衍了事，拒絕坦誠相對。這樣，就無從獲得寶貴的第一手資料了。

想要在與客戶溝通時具備良好的氛圍，管理者可以使用下面 5 種提問技巧，如圖 3-1 所示。

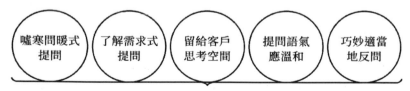

圖 3-1 管理者可以使用的提問技巧

◆ 噓寒問暖式提問

在和客戶初次接觸時，管理者不應該馬上提到企業、產品、服務和訂單。取而代之的，可以是噓寒問暖式的問題，如顧客的家庭情況、身體情況、交通狀況、天氣情況等無關緊要的問題。這些提問並沒有太多實際意義，但卻能很好地化解初次見面的尷尬，減少顧客內心的壓力，加強情感連繫。

◆ 了解需求式提問

將提問的重點放在客戶的興趣和需求上，並不需要提及產品的名稱、服務的內容等。這樣，談話內容就會比較單純地圍繞著客戶自身利益展開，讓客戶感受到管理者所釋放出的善意，獲得足夠的尊重感，也能有充分的興趣進行隨後的溝通交流。

這樣的問題包括「你喜歡什麼樣的物品（或顏色、功能、質地等特性）」、「你的企業（或家人）需要什麼服務」、「何種產品能帶來最大收益」等。這樣，顧客就會逐漸吐露自己內心深處的需求，並顯示其需求的關鍵點所在。

◆ 留給客戶思考空間

絕大多數的客戶，無論其身分背景如何，都不會喜歡連環式提問。太多的問題會影響顧客的溝通願望。因此，在提問間隙，管理者應適當保持沉默。當然，控制好沉默時間也是非常重要的，過長時間的沉默會導致溝通氛圍不復存在。

管理者可以在提問的過程中閉口微笑，眼睛專注地看著客戶，直到客戶說出內心的想法。提問之後不說話，保持這樣的姿態，相當程度上能掌握談話的主動權，否則就容易打破良好的溝通氛圍。

◆ 提問語氣應溫和

提問的語氣保持溫和，客戶的反應通常也會比較平和而真實；反之，得到的溝通氛圍也就不同。例如：「您的要求太多了，您覺得我們怎麼能接受呢」和「您提出的要求超過了我們的能力，我們無法滿足，還能商量嗎？」前者似乎有刻意爭議和挑戰對方話語權的意圖，而後者的問話方式能繼續緩和溝通氣氛。

◆ 巧妙適當地反問

管理者不可能全知全能，如果客戶提出的問題是自己一時無法回答的，切忌輕易拒絕回答。而是可以根據情況採取反問的形式，即反過來問客戶的看法，並進行肯定，這樣的反問可以讓客戶感到溝通收到了效果。

客戶：你覺得今年開始，市場同類產品價格會因為原料價格的變動而波動嗎？

管理者：你這樣一說，我想肯定是有所研究的，作為業內資深人士，你是怎樣看待這個問題的呢？

客戶：顯然，我覺得同類產品價格會下降的。

這樣一來，管理者馬上就清楚地知道了對方的核心訴求是價格問題，於是順利進行溝通。

在採用反問句的時候，不妨多使用一些引導話語，避免客戶感覺反問過於突兀。當客戶在回答之後，也不要馬上進行評價，而是可以讚美客戶幾句，再讓溝通進入正軌。

03 激發溝通興趣，他的真實需求才能被捕捉

企業管理者的時間是很寶貴的，同樣，現代人的時間觀念大都很強烈。除非客戶本身就有很強的溝通動機，否則在那些禮節性、公開性的會面上，他們往往只是做好了和管理者隨便聊聊的準備，並不打算深入溝通，也不打算暴露自己的真實需求。

在這種普遍情況下，如果管理者將溝通從雙向變成獨白，效果就會更加糟糕。

管理者：您好，×× 先生，您的公司在業內很有影響力。

客戶：謝謝，您也是。

管理者：我們公司生產的電線、電纜、金屬保護軟管和接頭，品質很好，價效比也不錯，也許未來有機會我們可以合作。

客戶：好的，沒問題，以後大家保持聯絡吧。

當然，保持聯絡的背後就是「不聯絡」，類似的溝通顯然讓客戶興趣索然。這位管理者從恭維之後就開始打算讓自己的產品「唱獨角戲」，客戶自然建立了心理防線。

　　想要破解如此尷尬，管理者就應當懂得如何採用正確的提問方式，激發客戶的溝通興趣。

　　管理者：您好，最近事業很忙吧。

　　客戶：哪裡哪裡，都靠大家協助。

　　管理者：是啊，我們都是多年的合作企業了。是這樣的，今天見面我正好想起來，前段時間發現了貴公司內部存在嚴重的問題，您是否有時間了解？

　　客戶：嚴重的問題？

　　管理者：嗯，上週聽公司內部的工程師匯報，說對您公司的網路系統進行了一系列測試，他們發現其中有很大的隱患。

　　客戶：這個很重要，你趕快告訴我。

　　管理者：好的。我們的工程師發現其中有一組伺服器的系統存在漏洞隱患，不僅可能導致貴公司的資料被破壞，還有可能引發整個系統崩潰。貴公司的工程師應該也發現過系統當機的現象。我了解到您正打算擴大公司業務，所以現在需要探討怎樣降低系統的風險性。

　　客戶：好的，那麼我們現在就來詳細談談怎麼解決問題吧。

　　在這個案例中，客戶原本並沒有什麼詳細溝通的願望，但當他聽到話題中有關其企業核心利益的內容之後，馬上轉變了態度。但如果明明沒有什麼重要內容卻使用這種提問方

法，肯定會造成完全相反的作用。始終採用平和推進、若無其事的提問開始溝通，一樣會讓客戶距離你的企業越來越遠。

管理者應該清楚，人們總是最關心、最注意與自己有關的事情，並會自然而然地產生興趣。如果你的提問經常性「離題」，即內容和客戶沒有直接關係，提問的態度也無法引起客戶的關注，客戶就會離去。想要讓客戶願意溝通，就要讓他們受到問題的足夠「刺激」。

眾所周知，人們在受到生理刺激，如炎熱、寒冷、響聲、亮光時會調動相對應的器官，對這些刺激產生回應。同樣，當客戶聽到對利益存在「刺激性」的話題時，他們的興趣也會立刻被管理者提出的問題吸引，並展開真正投入的談話。

把握這樣的原理，管理者就能在和客戶談判時透過合理設定談話內容取得進展，為最終形成行銷鋪墊力量。除了用案例中「利益損害」的問題引起興趣之外，還可以使用下面這些技巧。

◆ 帶來好處的問題

管理者必須記住，客戶感興趣的多是利益，而不是產品本身。這種利益包括風險減少，或者收益增加，例如：產品可以給其事業帶來成長動力，或者給個人和家庭成員增加安全、收益、健康、名望等。因此，管理者可以用簡單易懂的

話題直接向客戶提問，是否需要這樣的利益、是否能發現利益和產品的結合點。

管理者：您好，張總，最近公司業績如何？

張總：還行吧，湊合。你的公司怎麼樣？

管理者：我們開發了一種新的財務軟體，能夠幫助您節省 30% 左右的財務計算成本，而且不需要二次投資。想不想知道這軟體還能做什麼？

張總：是嗎？還有其他用處？太好了，告訴我吧。

◆ 激發好奇心的問題

心理學研究顯示，好奇心能夠成為人類產生興趣的最基本動機。那些不熟悉、不了解甚至從未聽說過的東西，經常可以引起客戶的注意。管理者可以利用這一點來引起對方的興趣。

管理者：您知道對於一位領導者來說什麼最重要嗎？

客戶：嗯，這個……前途？名望？績效？

管理者：都不是，您再想想？

客戶：確實想不到了。

管理者：是您的健康啊。您看，領導工作操勞，需要關注自己的健康問題，只有確保健康，才能獲得其他成就。您說是不是？

客戶：這倒是真被你說對了。

◆ 具體描述的問題

如果在溝通中從未具體描述過利益，只是單純介紹產品、服務的特點，就很難讓客戶產生具體的印象，更談不上興趣。

舉例而言，當管理者和客戶談到產品時，不要只是簡單地提醒客戶關注價效比，可以用「請猜猜，這款產品每月能幫你省下多少錢」的問題作為開場白，這樣，客戶就會從問題中聯想到自己的具體利益，並產生進一步探討的渴望，希望了解利益的全部真相，也就自然萌發了興趣。

04 善於滿足他的心理，提問更高效

任何有效的溝通都應該是雙向的，不可能只以其中某一方為核心展開。在和客戶的溝通中，管理者更不能總是自以為是，將本方的利益看作唯一重點，而不顧及客戶的感受。否則，不僅談判溝通的效率低下，最終結果也可想而知。在很多情況下，管理者感覺確實難以應對客戶，但並非是對方的原因，而是管理者自己沒有找到方法。只有用提問滿足客戶的心理，溝通才會有更高的效率。

劉先生是某家航空公司的行政管理者兼執行長。這家公司專門為商務人士提供更加獨享、私密和便捷的私人飛機管理業務。成立之初，該公司只代管了 3 架私人飛機，但隨後業績飛漲，成為業內的佼佼者。這自然與劉先生這位管理者的溝通能力有密不可分的連繫。

　　某次，該公司承接了一個飛往不丹的包機業務，但包機提供方在起飛前一天突然表示因為內部技術問題而無法前往，並提出要中止包機合約並全額退款。然而，此時距離客人向公司提出包機請求已經過去了 15 天，公司不可能在最後一刻告訴客人取消航班。於是，劉先生和包機提供方之間有了這樣的對話。

　　劉先生：你好，這次臨時中止合約，具體的原因是什麼？

　　包機提供方：劉總，很不好意思，的確是因為我們的技術問題。

　　劉先生：我很理解。但是我們是長期的合作夥伴了，我想貴公司正是因為有強大的技術保障，才吸引了業界這麼多服務商前來合作，不是嗎？

　　包機提供方：這個……的確如此。

　　劉先生：我們公司的客群中有許多知名人物。您看，如果因為一個技術問題就取消訂單，你我無論是誰的公司，是不是都會導致商譽受損？

　　包機提供方：嗯，劉總說得也沒錯。

　　劉先生：是不是貴公司業務繁忙，暫時無法討論出結果？這樣，我想調動我們公司的營運長參與進來，共同進行技術論證。不管最終結果怎麼樣，我都願意進行充分的協調和努力，您看怎麼樣？

　　包機提供方：好吧，我們試試解決技術問題吧。

第二天，在完整的談判和技術論證之後，包機得以順利執行。

因為管理者在溝通中抓住對方受尊重、獲取技術支援和想要保持並提高商譽等一系列需求，並積極提出問題，最終說服了對方，保證了計畫的穩定進行。

針對客戶的心理進行溝通，應該仔細研究對方的需求和想法，設法滿足客戶的心理。為此，管理者應該不要急於表達目的，而是應該盡量透過提問，做好種種鋪墊，做到水到渠成。在提問之前，先保持平和的心態，即使自己非常珍視這樣的溝通機會，也不能過於關注最終目標，否則就會導致提問內容無法觸及客戶的心理需求，如圖 3-2 所示。

圖 3-2 針對客戶的心理進行溝通

一般來說，客戶的需要可以同時有很多種。心理學家馬斯洛分析得出，人的需求可以分為 5 種：生理需求；安全需求；愛與歸屬需求，如他人判斷、價值大小等；尊重需求，包括被別人承認的需求；自我實現的需求。管理者應該積極抓住客戶目前最重視的需求，結合實際情況，提出多個問題。

下面這些問題是可以重點加以利用的。

▸ 您是否想透過產品獲得某種利益？（生理需求）

▸ 您是否意識到了風險，該怎樣解決？（安全需求）

▸ 您知不知道哪些名人曾經用過我們的產品？（愛與歸屬需求）

▸ 為家人或朋友送上這樣的產品，他們會怎麼看您？（尊重需求）

▸ 您希望自己變成什麼樣的人？（自我實現需求）

運用這些問題，可以指出客戶在心理上的強烈訴求，幫助他們生成積極的自我暗示，進而做出積極的舉動。當客戶能夠透過產品實現內心的期待之後，就會將管理者看作可以幫助他的人。

例如：管理者可以用提問，將客戶所憧憬的未來形成圖景。

管理者：您的公司在未來 5 年後將會發展成什麼樣的公司？達到怎樣的目標？

客戶：我希望可以實現上市的夢想！這可以說是我夢寐以求的事情！

管理者：非常理解和支持！為了幫助您達成目標，實現夢想，您可以了解一下我們專家制定的計畫……

無論是購買一件小商品，還是簽訂大筆訂單，都需要內心動機。因此，當客戶對企業員工的產品推銷介紹不感興趣時，並非其沒有這樣的需求，而是他的內心還沒有看到自己

的需求。運用上述提問的方式，就能夠幫助他們抹去障礙，面對自我。

除了直接提問之外，在和重點客戶接觸的過程中，管理者還應該適當用提問來示弱。反之，如果一味地想要在言談上壓倒客戶、占據優勢，客戶內心感受不佳，自然很難有好感，也就不會願意合作。

例如：「您是我們的老客戶，應該很了解我們的服務，這次您決定不再合作，是不是因為我們員工有什麼不對？即使不合作了，也請告訴我。」這樣的問題看起來是在示弱，但實際上卻滿足了客戶想要受到尊重的心理需求。而如果說「我們的服務是不是有問題？不然您為什麼不再合作」，聽起來像在指責。比較兩者的效果，自然天差地別。

總之，客戶選擇和購買過程中，經常有複雜的心理活動。而抓住其中最核心的心理需求加以提問，並在溝通中靈活應用，是管理者提問的關鍵所在。

05 層層遞進，引他入局

在和客戶進行溝通時，需要有一定的技巧，從而避免被那些很聰明的客戶以種種手法將談話的重點繞開。在這些方式中，遞進式問題是非常有效的。

例如：管理者會見某重要客戶，圍繞價格提出「你覺得這批訂單價格 150 萬元是否可以」或者「如果我們降低 5% 的價格，再延長兩年合約，你們是否同意」等問題。這些就

屬於引導類問題，對方如果回答，則必然會產生明確的下一步談判。如果對方確認「是」，那麼管理者自然可以進行更進一步的接觸；如果對方意見為「不是」，則管理者有理由進一步提出問題，以便接近真實原因。

使用遞進式問題，留給客戶的自由餘地較小，因為類似問題的重點不在其本身，而在於以客戶的回答作為基礎。雙方因為這種問題而有效連線，客戶容易說出真實的心理反應，也容易展開深入話題。

另外，這樣的提問具體而集中，雖然有可能矛盾突出，但相比抽象而分散的開放性問題，能夠更有針對性，有更多資訊和價值。因此，管理者可以利用遞進式提問的技巧，從客戶那裡獲得想要的答案。

當然，如果僅僅提出問題坐等對方回答，顯然是不夠的。在溝通中，管理者應該想得更遠一些，利用遞進式提問的特點，在預先設定的兩個或多個選項中，預先準備積極的選項，這樣就能有效控制對方的選擇並作到層層遞進。當然，即使是其他選項，也應該是對客戶有一定利益的，只不過管理者可以預先準備好這些選項的不足之處，並在提問之後將積極選項描述得更加美妙。

管理者：您的公司目前處於起步階段，還是已經發展成熟了呢？

客戶：目前已經比較穩定，我們需要品質較好的產品供應。

管理者：嗯，我們這份訂單的價格，確實要比其他競爭者貴一點。不過，請問您是願意購買後期需要維護的產品，還是願意一次性購買到位呢？前者的好處是初次價格要低廉一點，但後者卻能夠讓您節省後期更多成本。

客戶：那麼我覺得還是節省更多不錯。

管理者：另外，您願意買缺乏保障、需要不斷除錯的產品，還是花更多價錢購買經過檢驗的產品？

客戶：後一種聽起來要有保障。

管理者：您看，這就是為什麼我的銷售經理報價高一點。您和其他企業打交道，或許會有一些短期收益，但和我們合作會有更長遠的好處。您看，我們可以在這樣的共識基礎上展開合作嗎？

客戶：嗯，我明白了。

如果管理者掌握這種遞進式提問的方法，並將想要的答案以積極選項的形式表達出來，就可以將客戶向對我方有利處引導。下面這些建議能夠幫助你增加提問的有效性。

◆ 在遞進型問題中有技巧地擴大選擇範圍

在管理者的商務溝通活動中，讓客戶在更大範圍內進行選擇是非常有效的。例如，在面向多個重要客戶進行演講的時候，如果不想使用普通的回饋手段，就可以這樣提問：「在這次展示會上，您發現的最有價值的東西是產品效能、產品價格還是合作帶來的前景？」這樣，使用一個問題，會讓客

戶分別在自己感興趣的範圍內積極思考。

◆ 避免向客戶提供兩個以上的負面選項

如果你想吸引客戶、層層遞進，就不要給對方提供兩個以上的負面選項。否則，對方很可能無法選擇對你有利的積極回應。

管理者：這次貴公司沒有打算參加我們舉辦的活動，是不喜歡我們的產品，還是其他企業更有經驗呢？

客戶：……

其實，這樣的問題讓對方無從回答，即使回答之後，也難以產生層層遞進的效果。

第三，應盡量提出讓客戶做出肯定回答的問題

當客戶從一開始就不斷肯定之後，他們會越來越確認自己所做出的選擇，從而由不斷說「是」，變成不斷說「好」。

管理者：我們的合作最初只是從一份小訂單開始的，對嗎？

客戶：是的。

管理者：其實，你們一開始並不會輕易選擇我們這樣的創業企業，對吧？

客戶：那是，我們很謹慎。

管理者：完全應該。後來，我們的產品品質說服了貴公司董事會吧？

客戶：是的。

管理者：非常理智。所以貴公司才會將我們與業內的其他企業進行比較吧？

客戶：嗯，我們經常留意。

管理者：這種比較更加堅定了我們合作的基礎吧？

客戶：是的。

管理者：既然這樣，對我們的新產品，貴公司有沒有繼續了解和支持的願望？

客戶：當然了，很樂意看看您推薦的新產品。

事實說明，和客戶的溝通並不可能總是一步到位的。在直接提問不能奏效的情況下，管理者不妨先從一個小問題切入，獲得對方的共鳴，再逐步遞進，這樣的技巧會讓客戶最終無法拒絕你。

第04章
如何向企業員工提問，才能樹立威望

01 他的暢所欲言是為了什麼

無論公司處於怎樣的發展階段，都離不開整個企業基層團隊的集思廣益與執行落實。管理者必須懂得如何啟用員工，使他們主動表達思想，並得到寶貴的創意和建議。

看上去永遠處於「一言堂」的公司，其實並不會有大的發展。在這樣的公司中，管理者制定一切標準，而那些有才華的員工都按照上司的命令辦事，難以將自己的創意運用到工作中。

為了改變這樣的狀況，管理者需要營造溝通順暢的環境，鼓勵員工積極說出真話。或許這些話並非具有高價值，但會在不同程度上幫助你調整策略決策，避免武斷帶來的錯誤。

不過，在企業團隊中，必然會有不擅長溝通的員工，他們往往覺得只有做事才是真正的工作，不願意「浪費」時間進行溝通。一個好的管理者需要區分員工的不同類型，弄清楚如何讓他們開口溝通。

在微軟公司中，一些出身專業技術背景的員工，大都信奉能力決定回報。他們專注於工作的本身，如研究中心的科學技術人員、工程專家、會計師等，他們通常都刻苦工作，

但只是關心自己和同行的專業問題，很少關心公司的經營狀況。為此，管理者比爾蓋茲想方設法讓他們積極開口。

在公司內部，比爾蓋茲採用了網路溝通、志願聯絡的方式。透過這種架構，打破慣例上原有的層級區分，減少了溝通的阻力，避免了多層管理產生的種種問題。在公司中，高層主管可以隨時透過網路及時提問，了解基層的情況；反過來，員工也能透過扁平化的網路了解企業高層的所思所想。

為了營造暢所欲言的環境，比爾蓋茲以身作則。他平日裡從不會擺出冷面孔，相反，他習慣親切待人，公司中的所有人在日常工作中都可以直呼其名，高興時甚至能夠和他說說俏皮話；有時候，還有員工在大廳一把拉住他，打算向他開口「借點錢」。這種情感交流，對於剛進微軟的年輕員工是非常重要的，這樣就會讓他們處於和睦的團隊情感中，與同事交流溝通，就像和家人交流溝通一樣不成問題。

絕大多數企業都無法將業績做到微軟那麼大，但這樣良好的溝通環境卻是每個企業管理者都應該著重建立的。只有當你弄清楚員工能暢所欲言的原因，才能期待自己的提問對他們真正產生效果。否則，即使管理者準備的問題再巧妙，也無法達到預先設想的效果。

想要讓下屬暢所欲言，應該抓住下面幾點重要原因，如圖 4-1 所示。

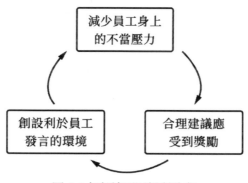

圖 4-1 如何讓下屬暢所欲言

◆ 減少員工身上的不當壓力

　　某項專業調查顯示，當員工感受到多餘的壓力時，就無法和上司、同事自由交談。這些多餘的壓力並非來自公司內部的種種規定，而是來自工作環境中無形的影響。為此，管理者可以廣泛徵求意見，改掉一些傳統的管理手段並更新背後的理念。

　　例如：開會時不要總是上司先發言，否則很容易定下基調並產生壓力。而是做到少說多聽，鼓勵員工積極自我表達。此外，在員工提議的過程中，應該禁止中途批判和反駁他人觀點，從而確保能夠獲得足夠多的來自員工的提議。

　　奇異管理者傑克‧威爾許創造出一種「群策群力」的會議方式。這種會議聚集企業內不同階層的職員，參會人員需要做 3 件事：動腦筋想辦法、取消各自職位流程上的多餘環節、共同解決問題。1992 年，奇異家電部的一家工廠損失了

4,700 萬美元，第二年又損失 400 萬美元，當公司決定賣掉
工廠時，威爾許的一位下屬說出心聲：「如果賣掉了工廠，
工人怎麼辦？我有辦法讓這家工廠轉危為安。」按照威爾許
的溝通方針，他召集該廠員工舉辦了「群策群力」會議，隨
後提交了改革報告。威爾許同意了報告，並批准進行技術改
造。最終，這家企業轉虧為盈。

◆ 員工的合理建議應受到獎勵

　　如果員工正確回答了管理者提出的問題，或者他們仗義
執言所提出的建議取得成效，就應該受到來自企業最高領導
層的獎勵。這樣，他們出於個人利益和發展的角度，會持續
和企業共同面對問題，並將企業作為自己生活與工作的重
心，積極投入。

　　即使是員工提出了和上司不同的觀點，甚至是批評上
司，也絕不能隨便指責，否則員工今後將會不再隨便發言，
在他關上了自己嘴巴的同時，其回答問題、解決困難的工作
熱情也會隨之消失。

◆ 創設利於員工發言的環境

　　由於傳統文化、人情社會的影響，我國企業的員工很容
易產生「多一事不如少一事」的想法，即使有動力積極表達
溝通，也會習慣性地隱藏自己的觀點。為此，管理者必須從
平時起就積極創設環境鼓勵員工。

　　本田公司的創始管理者本田宗一郎，經常到員工餐廳和大家一起吃飯，或者到工廠和所有人一起工作。這樣做讓員工們感到他相當平易近人，員工們逐漸願意展示自己的真實想法、意見和建議。

　　在和員工積極溝通、充分提問之前，管理者應該力求打造出一支善於思考、勤於溝通的員工團隊。而這才是管理者順利開展領導並樹立威望的基礎。

02　他的回答是不是只針對你

　　當管理者面對員工進行提問和溝通時，經常存在這樣一種現象：即使管理者的確想追根究柢找出問題的真相，但就是沒有人願意告訴他。換而言之，基層員工由於不同的主客觀原因，準備好了掩蓋問題真相的答案，將管理者和企業完全隔離而開。

　　面對這種情況，那些富有經驗的管理者都能提前預防、避免。

　　2010 年，某核電集團出現了一樁無意之間導致的重大事故。該集團一名清潔工進行日常清掃維護時，看到機器上的某些部位有一些灰塵，於是他順手用抹布擦了一下。結果，他無意中觸動了重要開關，啟動了核反應堆停堆指令，導致了長達兩天的停電，最終造成巨大的經濟損失。

　　事件發生之後，該集團管理者和清潔部門經理、生產部門經理有過簡短的對話。

管理者：這次出現嚴重事故，你們部門是怎樣反思總結經驗教訓的？

清潔部門經理：這次是我部門員工導致的重大事故，我們回去一定嚴加管教、加重處罰、考慮辭退。

管理者：對於一個核電企業來說，僅僅這樣做就夠了嗎？

清潔部門經理：這個……我作為部門經理，也負有平時教育、管理的責任，請上頭考慮處罰措施。

管理者（轉向生產部門經理）：你是怎麼看這件事的？

生產部門經理：我同意清潔部門經理的意見，這樣的事情必須要從嚴處理，避免給生產帶來更大的經濟損失。

管理者：恰恰相反，我並不同意你們的話。大家有沒有想過，為了避免出現安全事故，我們應該從根本上解決安全隱患。在此之前，我們已經和清潔工進行了溝通，他說出了事情的真相。清潔工難道不是很有負責精神嗎？至於為什麼他會誤觸機器開關，應該負責任的是企業制度。

這家企業的管理者最終決定不處罰清潔工，而是改造了所有重要開關，加上了防止誤觸的盒蓋。正是因為管理者沒有去偏聽偏信那些早已準備好的「套話」，他才從提問和對話中得到了正確的決策。

正如案例中那樣，由於不同企業各自的特殊性，員工會在不同的環境下，採用「套話」的方式躲避管理者的溝通願望。他們的「套話」往往是含糊其辭的，或者聽上去是冠冕

堂皇的，但背後必然隱藏著無法直接說出的真話。這就需要管理者明辨是非，及時根據情況選擇問題，破解那些針對你所設定的應付話語。

例如：在受到環境限制時，下屬員工無法自由表達；在談判桌上、董事會上或者部門內部會議上。在這樣的環境中，員工無法自由表達個人的意見，其回答會為了應付管理者而故意模糊不清。此時，管理者應該首先體諒員工的難處，並運用提問來緩解其內心的壓力。

具體來看，可以使用下面這些問題。

「沒關係，你可以大膽地說，難道你希望錯過表達自己意見的機會嗎？」

「說錯了沒事，我作為管理者都不計較，我相信你的直屬上司也不會計較吧？」

「你心裡是不是還有其他想法？請為了大家說出來吧。」

一種情況是當管理者的問題涉及在場某幾個人或者某個部門的集體利益時，員工很可能因為同事的面子問題而選擇糊弄過關。針對這種情況，管理者也可以用下面這些問題破解。

「我問的是不是和太多人有關？沒關係，你先說說自己。」

「我們需要私下談談嗎？」

「相信我，既然我來了解情況，還有誰能掩蓋事實呢？」

另一種情況是下屬雖然知道情況的嚴重性，但他們為了自身利益或者逃避責任，堅持使用「報喜不報憂」的話語，

隱瞞那些不利情況，極力渲染領導層喜歡的資訊。

「昨天公司舉行的活動圓滿結束，真是盛況空前啊！所有參與者都希望可以有更多的機會了解……」

如果管理者此時不抓住機會進一步追問，很容易被下屬所準備的這種針對性話語糊弄過去。正確的方法是這樣的。

「是嗎？有多少人出席了？分別是哪些合作商？有沒有做詳細談話紀錄？」

即使做了這樣的詢問，對於了解事情全部真相還是不夠的。擁有經驗的管理者還會向其他參與了活動的員工詢問情況，了解他們各自掌握的情況、產生的感想。經過比對，就能很輕鬆地發現下屬話語的真實性。

如果下屬在你不斷變化角度提問之後，還是堅持只是做出含糊其辭的回答，管理者也不要為此感到惱火。相反，你應該冷靜分析他們不願意認真回答的原因，並從不同角度看待那些事先準備好的話語。這是因為即使是為你準備的回答，背後也藏著或多或少的真實有效的資訊。因此，你可以採取換位思考的方式，站在下屬的角度，找出隱藏的真相。

管理者不僅要聽清楚下屬在說什麼，還要觀察他們說話時的聲調和音量的變化。如果仔細觀察，管理者就能經常發現下屬想要表達的意思恰好和其說話所運用的詞語相反。此外，管理者還可以注意下屬回答時的面部表情、雙手乃至肢體動作。管理者不僅要成為優秀的聽眾，還應成為精明的觀察者，這樣才能讓提問變得更有價值。

03 掌握提問分寸的 6 個技巧

不管管理者在提問方面有多強的能力，都需要了解向員工提問的最重要原則：選擇適當的方式提問、保持應有的分寸、讓提問收穫效果。

下面的 6 個技巧可以保證管理者的提問恰如其分，而不會引起員工反感等負面效應。

◆ 選擇最佳的提問時間

如果你想用提問的方式接近員工，應該首先問問自己：「如果我是員工，現在希望面對管理者的提問嗎？」這樣做是為了確保你所詢問的人，至少能在其接受的狀態下面對問題。

雖然管理者可以隨意選擇時間詢問員工，但還是要懂得等待的重要性。例如：你想詢問員工關於近期業績或者個人未來職業規劃的情況。但如果該員工此時正在為約見重要客戶準備，很容易因為這些問題而分散注意力，那麼你就應該有耐心，先辦其他事情，如圖 4-2 所示。

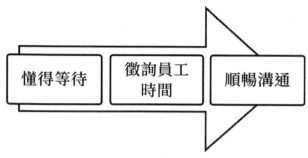

圖 4-2 選擇最佳提問時間的技巧

當然，為了找到詢問員工的合適時間，管理者也能夠用這樣的問題溝通：「我知道最近你很忙，但我需要幾分鐘時間和你溝通一些問題，你覺得什麼時候可以？」當員工感受到管理者如此尊重他時，溝通已經有了一個良好的開始。

◆ 選擇正確的詢問對象

如果管理者想要在最短時間內得到答案，還應該有意識地問自己這樣的問題：「誰是我提問的最佳對象？」

在很多情況下，最好的詢問人選並不是部門中職位最高的人，也不是你最信任、最親近的下屬，而是距離你想要了解的答案最近的人。例如：管理者想要了解某幾個員工的薪資情況，可以第一時間找到財務部門主管，讓他給出具體員工的薪資資料，或者也可以直接詢問這幾個員工。

如果有必要，管理者可以直接找到負責某項工作的員工進行溝通交流，不要在之前先和其他與工作無關、對工作不了解的人談太多的具體事情，那樣將會很容易影響你目前的判斷，導致隨後問的問題缺乏分寸。

當然，有時候管理者也不知道誰是正確的人，你應該做的就是找到部門負責人。

管理者：你好，××經理，我想知道你們這次和××律師事務所合作的專案是由哪位業務員具體負責的？

管理者：我想知道，如果我是一位想要投訴產品品質的

客戶，當我將電話直接打到公司總部以後，接線員會把電話直接接到誰的辦公室中？

要用簡明扼要的語言，找到應該面對你的員工，從而確定你的提問對象。

◆ 提問內容的有效性

不要和基層員工說太多關於企業歷史、文化和公司目標之類的抽象話語，通常來說，這些宏大的敘事並不適合直接向他們提出問題。相反，管理者對他們的提問內容必須和其工作內容直接連繫，例如：「你每天工作中會因為部門集體事務中斷多久」、「你認為企業對你所在的部門應該有什麼樣的支援」、「最近你在和哪些客戶聯繫」、「你最喜歡的同事類型是什麼樣的」等等，都因為與基層員工的實際工作很貼近，而具有明確指向性，便於他們回答與思考。

管理者應該仔細審視自己，看看和基層員工談話時，是自己講得更多，還是基層員工回答得多。如果是前者，管理者必須要學會更改提問方式，否則大量資訊就會在漫無目標的提問中被遺失。

◆ 多問正面性的問題

與基層員工的交流，不僅是為了解決直接的工作細節問題，還有著提升員工士氣、擴大決策層在基層影響的作用。為此，管理者應該盡量多地和基層員工就正面性問題進行交流，適當避免負面問題。

　　山姆‧沃爾頓（Samuel Walton）是沃爾瑪的創始管理者，他自己每天都會來到門市持續不斷地巡視，並與基層員工交流。沃爾頓經常向員工提問，例如：「你叫什麼名字」、「在沃爾瑪工作幾年了」、「你最喜歡我們的什麼貨物」、「沃爾瑪給你哪些美好的回憶」等等。這些問題大都是正面性的。相反，他很少問員工「什麼顧客最難對付」之類的負面問題，因為這種問題並非是基層員工所能解決的，一旦觸及很可能傷害員工的情感和工作動力。

◆ 控制問題數量

　　基層員工面對著繁雜的事務，即使是與管理者溝通，他們也很難長時間保持專注力。為了讓溝通效率更高，管理者應該抓住有限的時間，讓員工集中思考幾個最重要的問題，其他問題可以排序到下次再提問。這樣，單次溝通中的問題數量能得到有效的控制，產生良好效果。

◆ 給員工一定時間思考回答

　　管理者對於企業的許多問題都有了深入的思考，在提出問題時，很容易被自己的思維所引導，一口氣連續提出許多問題，要求員工回答。但通常而言，對基層員工提問時應該努力迴避這樣的做法。當你提出一個問題之後，應該留給員工充足的時間，這樣既能夠暗示員工專心思考，也代表你重視他的意見，請他鄭重其事地回答。

04 損害威望的若干提問陷阱

有人說，一個好的思考者不會是個差勁的提問者。同樣，優秀的思維並非由答案引導得出，而是由好的問題推動前進的。為了激發員工的思考，同時增強自己的威望，管理者必須迴避提問陷阱，避免提問成為讓自己落入的「坑」。下面這 6 種陷阱是管理者在提問中應該徹底避免的。

◆ 答案無法明確的問題

在詢問有關事實時，應該基於企業的現實情況，找準那些答案可以清楚說明的問題。反之，下屬無法準確說明的問題，會顯得管理者耽於空想，如「你部門 2 年後打算為企業做什麼樣的貢獻」、「你的員工 3 年內離職率會保持在多少之內」等問題，需要基層員工做出和他們能力、權責、職位不對等的預測，屬於勉為其難。相反，「你們這個月銷售量多大」、「去年員工離職率多少」等問題，可以直截了當地獲取事實，也讓基層員工感到管理者的提問落在重點上。

◆ 管理者掌握答案的問題

屬於策略性層面的問題，應該由管理者先找到，然後再恰當地告訴基層員工。即使是想要了解他們的意見，也應該採取側面徵詢的方式，而不是直接詢問；否則很容易讓基層員工誤解，認為管理者自己都沒有履行責任。

「你覺得企業未來在行業中應該扮演什麼角色」、「你對新市場在企業發展中的比重怎麼看」這類問題並不適合詢問

基層員工。相反，「你想為部門在今年做怎樣的貢獻」等問題切合員工的個人目標，適合對其提問。

◆ 專業技術性問題

在面對基層員工進行溝通之前，應該先了解他們的職位職責、具體能力、大概業務水準和工作履歷。這樣，就能確保管理者對問題有所選擇，不至於提出對方無法回答的專業問題。一旦弄錯員工負責領域，將本身並不屬於其負責的技術問題丟擲，希望從其回答中得到解釋，那麼員工很容易認定管理者根本不清楚職位之間的差異，進而嚴重影響管理者的個人權威。

◆ 引發內部矛盾的問題

管理者：今天我來你們部門，看到大家工作很勤奮，真的很高興。

員工：謝謝您。

管理者：不過，昨天我去了市場部，發現他們的業績已經超額完成了！我很想知道，你們什麼時候能趕上他們？

員工：這個……

類似的問題作為一種激勵手段，在公司中層會議上提出可以有很好的效果。然而，面對基層員工直接提出，則很容易導致「不公平」、「動輒對比」、「拿我們當墊腳石」等非議出現，並引發對管理者權威性的質疑。

◆ 有自誇嫌疑的問題

管理者：我從美國 ×× 大學畢業，在矽谷創業多年，和華爾街風投鉅子合作過……可是，你們是否真正了解我當初的不容易？其實，我也是從基層走過來的。

員工雖然表面不說，但內心卻會認為管理者根本就沒打算提問，而是以自問自答的形式在炫耀自己的履歷和能力。最終，管理者的權威反而蕩然無存。

◆ 不斷離題的詢問

某公司為迎接一次重要的展會，派出員工前往會場精心布置。展會前一天，管理者在高管團隊的陪同下來到了現場。

管理者：這次大家辛苦了。我們的會場布置得有哪些特色？

等現場員工介紹完特色，管理者繼續問。

管理者：明天分發的材料都準備好了吧？面向不同產品客群的資料都有哪些？

於是，負責準備資料的市場部相關人員出來回答。

管理者：明天的人員到位情況要提前做好準備，行政部有沒有做好考勤表？

隨後回答的又是行政部有關員工。這樣陸陸續續問完細節問題後，管理者離開現場。

在場每個人幾乎都被他問到了，但卻並沒有突出提問主題，基層員工們並不清楚管理者前來提問的意義，反而覺得他只是像一個普通的企業中層那樣，在瑣碎的事情上糾纏不

清。顯然，這對於維護和提升管理者「企業舵手」的形象非常不利。

05 拉近距離的 5 個提問策略

陶媽媽是某知名麻辣醬品牌的創始人，十幾年的時間，這家公司發展成為年產值數十億元的行業龍頭企業。這其中，陶媽媽本人善於和基層員工溝通交流的能力形成了重要作用。

幾乎沒有上過學的陶媽媽知道企業需要管理制度，但她更清楚，只有制度是遠遠不夠的。為此，她總是能夠採用最快的提問方式和員工拉近距離、產生情感。

創業後不久，公司中有位員工的情況引起了她的注意，這位員工父母雙亡，家裡還有兩個年幼的弟弟，可他卻將每個月的薪資都花在了抽菸喝酒上。

陶媽媽知道這情況後，邀請他吃飯，在飯桌上開口就問了他的家庭情況，然後又和藹地說道：「孩子，你今天想喝什麼酒、抽什麼菸都告訴我，我全部幫你準備。但從明天開始能不能戒酒戒菸？你家裡還有兩個年幼的弟弟，需要讀書和被照顧，你能不能讓他們別像我一樣，大字都不識一個？」

這樣的問題擊中了員工的心坎，他當即落淚，表示自己以後一定會努力工作，戒菸戒酒，不辜負陶媽媽的期望。

對於公司內的每個員工，陶媽媽都能用不同的提問在短時間內拉近距離。因此，無論是生產還是業務，是私人問題還是工作矛盾，只要陶媽媽出面，沒有企業內解決不了的矛

盾。這家企業上上下下所有人，從不會稱呼陶媽媽為「董事長」或「老闆」，而是直接親切地稱呼她為「陶媽媽」。

陶媽媽對員工的提問，並沒有一點官架子，也沒有多少溝通技巧。然而，真正可以拉近人與人心靈的，並不是那些熱情四射的演講，而是最簡單的寒暄。當管理者和員工開始寒暄起來，關切之情也就油然而生，如果能在寒暄中提出良好的問題，就更容易形成融洽的上下級關係，樹立並強化管理者的個人領導形象。因此，即使管理者日理萬機，也應該隨時抓住機會，和每位有所接觸的基層員工用最簡單的問題寒暄。

與此相反，領導者如果總是希望用一兩句話就實現溝通目標，給基層員工的印象就是做事、說話目的性太強，談話一開始就直接朝向工作目標而去。雖然大家都能夠理解管理者為什麼採用這樣的談話方式，但其中透露出的濃重功利色彩，讓員工感到枯燥和厭煩，如圖 4-3 所示。

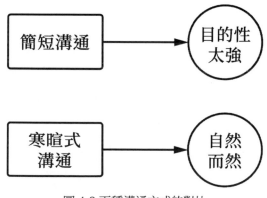

圖 4-3 兩種溝通方式的對比

想和員工透過寒暄提問拉近距離，最重要的原則在於掌握節奏。有些問題其實看似可有可無，但卻是管理者和員工交流時不可缺少的。在不同的場合中，管理者可以選用下面這些寒暄問題。

◆ 問候式提問

最典型的提問就是問好，如「你們好嗎」、「大家好嗎」等，這是管理者和員工交流中最常使用的問候語。管理者應該表現得熱情而有禮貌，展現出親和友善的態度。除此以外，還有「你們什麼時候下班」、「中午去吃過飯了嗎」之類的提問，這些問題雖然表面上是疑問，但實際上並不是提問，而是交際雙方在見面時的問候，主要適用於每天能見到的基層員工，如清潔工、櫃檯、助理等。

◆ 攀認式提問

提問集中在雙方共同或者相似的地方，以達到短時間內拉近和員工情感距離目的。和基層員工溝通時，管理者可以細心觀察、全面了解，不難發現雙方雖然職務階層差別較大，但總會有各式各樣的共同點和相似點。

管理者：你是哪裡人？

員工：臺中人。

管理者：啊，臺中人。臺中好，我最初創業時就在清水，也算是臺中人。我在清水待了快 10 年，可以說那裡是我的第二故鄉。

員工：是嗎？那歡迎您下次到我們那裡去玩。

除了「同鄉」的共同點之外，還可以用「共同興趣愛好」、「校友」、「同一個產品的使用者」等問題來提問，這些都是拉近員工距離的契機。

◆ 誇獎式提問

將提問和誇獎結合在一起，能夠充分融洽並活躍交談的氣氛，使得員工感覺被承認、被尊重。

管理者：哎呀，你們的辦公室是怎麼布置的？很溫馨，很漂亮！

員工：謝謝您的誇獎！

管理者：企業就是我們的家，你們很會打扮家！

在讚美之前，加上一個恰當的提問，讚美效果就會延伸。這樣，員工的心情舒暢了，自然也就開啟了心扉，接下來的溝通會順暢很多。

◆ 描述式提問

可以針對某種具體的工作或者交際場景發出提問、寒暄。例如，管理者在電梯裡面碰見晚上剛加班結束的員工，而年輕員工因為緊張不知道怎樣打招呼，於是管理者開口問道：「這麼晚還在加班啊？大家辛苦了。」雖然只是一句簡單的問話，但卻包含了領導者對基層員工的關心。

除此之外，還可以用員工正在做什麼事情、即將做什麼

事情等作為提問的主題。例如：「馬上放假了，去哪裡玩」、
「過年回家的車票買好了嗎」等等。

◆ 言他式提問

　　和基層員工見面之後，為了緩解對方情緒壓力，可以用
和彼此沒有直接關係的事情作為提問的話題。例如：「你們
今天看天氣預報了嗎？最高溫度是攝氏幾度？」、「IG 上傳的
那個明呈八卦，你們跟我說一下好嗎？」簡單的幾句話，就
能夠迅速拉近雙方關係，溝通情感。

　　善於提問的管理者，永遠不會缺乏和員工之間的話題，
他們並不需要挖空心思來尋找奇怪的問題，而是將身邊尋常
主題融入溝通之中。這些問題雖然老套，但卻有效，能夠讓
員工迅速得到良好的體驗。

06　激發熱情的 5 個提問竅門

　　美國艾默生電氣公司創始人約翰·艾默生（John Wesley
Emerson），留下過這樣的經典名言：「沒有熱情，就沒有任
何事業可言。」的確，作為企業管理者，沒有人希望自己的
員工整天萎靡不振；而作為基層員工，無論其能力高低、責
任大小，也都願意追隨能夠讓他們熱情高漲的領導者。

　　熱情是現代企業中應該被推崇的基本特質。正是熱情，
讓人們以飽滿的活力全身心地投入工作和事業中，追求越來
越高的目標。熱情是卓越的企業管理者可以影響並領導員工

走向成功的關鍵原因。也正因如此，每個成功的企業家都擁有以提問來激發員工熱情的能力。

松下幸之助某次去巡視公司的下屬企業，在和基層員工閒聊時，有位店長向他抱怨說生意難做，很難提高業績。這位店長有數十年的管理經驗，雖然曾經創造輝煌，但隨著市場變化，競爭力逐漸下降。

松下幸之助：你管理這家店多少年了？

店長：快 10 年了。

松下幸之助：經濟不好的時候，業績不好也是正常的。不過，到目前為止，你的小便有沒有變紅過？

店長：這個……（不知所措）。

松下幸之助：經營企業是很困難的。當陷入絕境時，你必須要竭力思考來擺脫厄運。有時候，還得徹夜不眠地思考，當你精疲力竭時，就會發現小便滲血變成紅色。我就曾經這樣。

店長：對不起，我從沒有這種經驗。

松下幸之助：你的門市有多少員工？

店長：20 多名。

松下幸之助：他們的工作穩定全部靠你了，而你還沒有操心到小便發紅，卻向我訴苦。我希望你能認真思考，必定能夠想到對策。

在松下幸之助這樣的奇特問題之後，店長意識到自己的

問題是欠缺對企業、員工的責任感，他重新燃起了熱情，並在短時間內提高了業績。

毋庸置疑，管理者能夠分配給基層員工的時間不多，面對面和某個基層員工交流的時間甚至更短，只能被壓縮到碎片式的幾分鐘之內。如何在這短短的幾分鐘之內用提問去點燃其內心向上的奮發動力，徹底改變他們對工作、企業以及自身的認知？下面 5 個技巧可以有效做到這一點，如圖 4-4 所示。

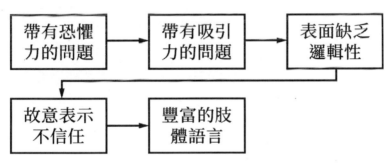

圖 4-4 快速激發員工熱情的提問技巧

◆ 帶有恐懼力的問題

從原始社會至今，人性中許多深層次的構成因素並沒有被改變，恐懼能帶來的力量同樣如此。正如古代先賢所說的「生於憂患」，如果基層員工感到失敗的恐懼，就會被這種恐懼所推動，燃起打拚的動力。

因此，管理者在和員工交流溝通時，不妨提出會引發他們內心害怕的問題，例如：「你們想過企業失敗怎麼辦嗎」、

「如果明天醒來公司不在了，我們該怎麼辦」等等。提出這些問題時，管理者的語氣應該沉痛、低調，表情也應該不安、痛苦，這樣，員工就會自然而然地聯想到個人事業遭遇重大失敗的情景，並為躲避這種情景而努力。

◆ 帶有吸引力的問題

相比恐懼，對成功的渴望也是激發員工熱情的重要因素。只有當員工們意識到自己的打拚並不會毫無所得的時候，他們才會更加努力，以期得到更現實的回報。

管理者在提問時，可以將帶有吸引力的問題不斷安排在談話中，如「有沒有想過用今年的分紅為自己買輛車」、「在這裡定居，好好做幾年就能有首付了吧」等問題來吸引員工。在提出問題時，管理者的表情應該充滿信任和樂觀，語氣不妨輕鬆自然，員工會自然想到如何激發潛力，擁有這些回報。

◆ 表面缺乏邏輯性

在很多情況下，員工之所以缺乏進取心和積極性，在於被企業內部日常穩定的工作流程所「催眠」。這種情況在那些日復一日進行類似工作的基層員工身上顯得更常見。

為了重新點燃他們的創新意願，促使他們從新的角度看待企業和自身，管理者可以用表面上並不合理的問題刺激他們。

例如：案例中松下幸之助用「小便有沒有變紅」的問題來詢問員工，員工首先感覺到的是表面上的不合理，但思考之後又會發現這種不合理之中蘊藏的合理。透過類似的問題，他們才會意識到每天遵循的規章制度、工作流程並不是目的，而是手段，只有一定程度上從這些日常的「合理」中擺脫出來，獲得進步，才會有源源不斷的潛力。

◆ 故意表示不信任

對於一些自視甚高的基層技術員工，管理者可以採用激將法，故意表示對員工能力的懷疑、不信任，如「你們真的能在期限之前完成嗎」、「你們可以獨立完成這些專案嗎」等問題，如果運用恰當，可以讓員工有強烈願望來證明自己的能力，並形成持續熱情。

不過，在選擇激將式提問時，管理者應注意不能過於懷疑，最好點到為止。一旦員工做出了確定的答覆之後，應當馬上將懷疑姿態改變成為肯定的姿態，並闡述對員工的希望。

◆ 豐富的肢體語言

一位知名企業家在面向員工演講時，喜歡提問，而當他提問時又經常帶著充滿力量的肢體語言。面對較多的基層員工時，管理者可以在提問中附加上晃動手臂、抬起手掌等肢體動作，這樣的動作能加強問題的感染力，明顯傳遞出熱情，鼓勵員工和企業共同前進。

第05章
如何向企業中層提問，才能知人御人

01 業績成長是客戶增加了，還是員工積極了

一個企業的業績能否較快成長，和企業中層團隊的管理與執行能力有重要連繫。因此，管理者應該善於利用提問的方式，對中層員工進行輔導和教練。

每箇中層員工都是不同的，負責的職位不同、工作態度不同、資歷年齡不同、帶領團隊不同，因此，遇到的問題也不一樣。管理者在對他們進行績效提問和相關溝通的時候，也應該因人而異，對不同類型的員工採取不同的提問方式。

可以將中層員工分為下面 3 種。

◆ 績效提高的中層員工

能夠提高績效，說明中層員工在其職責範圍內的工作已經做得較好，在談話中要及時肯定他們的表現，並對成功原因進行總結，從而推廣到其他中層身上。

玫琳凱公司的創始人、管理者玫琳凱女士（Mary Kay Ash），面對那些表現出優點的中層員工從不吝惜表揚，同時擅長用問題幫助他們分析得失、總結經驗。

一次，業務督導海倫新招了位美容顧問。由於經驗不足，在兩次展銷會上，新員工連 1 美元的產品都沒有賣出

去，直到第三次展銷會上，她終於賣出了 35 美元的產品。當海倫將其業績放在團隊報告裡面交給玫琳凱時，玫琳凱在新美容顧問的名字下畫了一條著重線。

玫琳凱：這位員工的業績有 35 美元？

海倫：是的，相比其他人，她還是太低了。

玫琳凱：不，我不這麼想。第二次展會，顧客比之前更多嗎？

海倫：並沒有什麼成長。

玫琳凱：那麼，相比之前兩次，她進步非常大。你可以去看看她是怎樣取得進步的，想想辦法，看看如何讓她更加努力一點？

後來，當海倫升遷時，這位新員工已經成熟，她頂替海倫做了業務督導。

試想，如果玫琳凱並不過問業績提高的具體過程，不問業績提高究竟由於什麼原因，只是單純看看紙面上的數字，也就難以對海倫有所指導，新員工的能力提高也就被數字差距所忽視了。

◆ 業績不佳的中層員工

對業績不佳的中層員工進行教練和輔導，固然是管理者不得不做的事情，但同樣也需要方法。對這些中層員工，可以用簡單的問題幫助他們分析績效不佳的原因，提示他們找到問題的根源，制定有針對性的改進計畫。

下面這些問題可以用於分析和提醒。

▸ 業績不佳是從何時開始的？

▸ 業績不佳時，你的團隊有什麼變化？

▸ 是客觀的市場原因導致的，還是主觀努力不足導致的？

▸ 面對業績不佳，員工經驗的累積狀況如何？

▸ 你預期多久能夠扭轉業績不佳的局面？

▸ 為了提高業績，你覺得團隊在哪些方面需要努力？

▸ 你打算怎樣鼓勵下屬員工改變態度、發揮潛力？

▸ 你會將哪個團隊作為自己追趕的目標？

◆ 缺乏明顯進步的中層員工

有些中層員工的績效並不算差，但一直沒有明顯進步。管理者在關心其工作時，應該和他們共同分析業績平庸的原因。

管理者可以與這類員工開誠布公地交流，用問題找到停滯的原因，並根據不同情況引導員工找到不同的解決方案。

管理者：最近你們部門的業績始終徘徊不前，有沒有想過是哪方面出了問題？

部門經理：由於我們將行銷側重點放在新產品上，忽視了老產品，而且競爭對手恰巧又推出了價格優惠活動。

管理者：只有這些客觀原因嗎？

部門經理：唔，員工人數的減少也是一個重要問題，幾名經驗豐富的員工被臨時調到綜合專案行銷組裡去了。

管理者：那麼，新來的員工呢？你們部門是如何開展培訓的？

部門經理：我們對其進行了系統的培訓，包括職位職責、銷售能力、合作意識等。

管理者：嗯，這些培訓內容體系是之前一直使用的嗎？

部門經理：對，是的。

管理者：有沒有感覺到什麼問題？

部門經理（思考後）：我發現了，培訓體系是針對以前老產品的，而我們的新產品有著不同的行銷對象，同時還擴大了行銷通路，培訓新員工時可能在這方面欠缺了。我回去就著手加以調整。

在這段對話中，管理者已經意識到業績平庸的原因，但他沒有馬上告訴對方，而是採用不斷提問的方式，引導中層主動發現問題所在，觸及內心。

02 遇到爭議，該怎麼提問

企業是由人構成的組織。尤其是在中層員工團隊的溝通範圍中，人員相對比較集中，員工之間由於觀點不一致產生爭議在所難免。有些爭議影響較小，很可能幾句話就平息，對員工的情緒和工作不會產生太大的影響；而有些爭議如果處理不當，則很可能升級為人際關係衝突，不僅影響當事人的工作情緒，也有可能給其他員工帶來消極影響。

管理者如果善於使用提問平息員工的爭議，能讓團隊更

團結穩定；反之，如果解決不好，不僅使員工帶著偏見去工作，還有可能將自身也捲入矛盾之中。

遇到爭議時，管理者最基本的原則是以提問明確了解事情本身，而不是關注爭議雙方的身分、觀點或者利益。只有這樣，管理者才能不偏不倚，並說服眾人認同最合理的觀點。

當中層員工出現不同聲音時，管理者首先要意識到這是一件好事，說明企業內部有不同的思維方式，能夠從多方面對企業進行保障，確保企業不至於走向過於狹窄的道路。其次，管理者應該善於提出問題，以便讓員工有足夠時間和空間認識爭議的本質，形成解決的方案。

例如，管理者可以先就問題的本身提出下面這些問題：

▸ 你們觀點的最大分歧在哪方面？

▸ 為什麼支持？支持能給企業帶來什麼？

▸ 為什麼反對？反對之後應該怎麼辦？

▸ 這件事情本身帶來的效果（或價值、影響）是什麼？

▸ 大家有沒有了解過類似事件？

這些問題可以很好地平息不同意見者心中的「熊熊烈火」，讓他們從一味爭執中冷靜下來，轉而理性看待自己和他人的意見。

對於那些較為複雜的爭議，管理者可以繼續使用分別提問的方式，集結員工合理表達，並形成意見上的自由表達。

例如：管理者可以邀請意見不同的中層員工召開會議，並在會議上請他們分別闡述對方的觀點，再結合他們的闡述向各方提出問題，詢問其是否能夠補充。

管理者還可以在各方闡述完觀點之後，邀請雙方進行辯論，即指出對方意見中的錯誤之處，列舉本方意見正確的理由。在辯論中，管理者可以隨時插入問題，引發員工的思考。

這樣的溝通可以使原本看似秩序不佳的爭議局面形成良好的競爭態勢，能夠讓員工們活躍起來，最大限度上發揮每個人的積極性和創造性，維持正常、平等的競爭態勢，以便達成組織的整體目標。

另外，管理者還可以在必要的時候充當調解人，以提問來引導員工彼此謙讓。在這種情況下，管理者可以用充滿權威性的問題來直接終結過火的爭議，如「你們再這樣爭論下去，是不是打算中止專案」、「難道依靠討論，就能讓客戶滿意嗎」等問題。也可以私下用推心置腹的問題告誡雙方實際上是處於同一利益體內，應該各退一步。當然，無論具體何種情況，管理者都應該在隨後找到合適的時機，繼續深入交流，這樣員工就能獲得更明確的認識，進而以平和的心態進行工作。

無論如何，面對爭議時找準時機，用提問讓爭議平緩下來，是管理者應具備的能力。無論在什麼企業中，善於處理爭議的領導者都會獲得來自中層員工投出的普遍信任票。

03　他的回答令人懷疑時怎麼辦

日常生活中著充斥大量的謊言，人們無法迴避，因此必須學會面對、接受、挑選和看穿。

類似的問題，管理者也同樣需要面對，畢竟公司並非一方淨土，員工也會有出於自我利益撒謊的可能。尤其在中小企業中，企業最高領導者很可能會聽到來自中層員工令人懷疑的回答。如果輕易相信他們的話，就會導致管理者片面處理問題，引起其他員工的不滿。

某管理者在進行月度總結工作會議之前知道了某些部門由於遇到了不可抗拒的原因，因此很難完成既定的銷售目標。但在會議上，他還是追問了一位經理，該經理虛報了一個數字。管理者面對這個數字，提出這樣的問題：「我沒想到在這樣的條件下，你們還能實現這樣的銷售業績，你們的運氣是不是太好了？」沒等到對方做出回答，管理者轉換了語氣，說：「其實，如果遭遇了困難，公司完全可以協助大家真正解決問題，但你們要首先告訴我事實的真相。所以，請大家坦誠一點，好嗎？」

到此時，由於管理者擺出了對撒謊問題既往不咎、願意幫助的態度，經理們沉默了。過了一會兒，有人開始認真地總結原因、分析目前的困境。

除了這種在會議上企圖矇混過關而撒謊的情況，也有中層員工習慣性撒謊，意圖提高自身工作形象。對於這種話，

管理者可以直接找到對方，告訴他：「我手頭的數據好像和你所說的不同，你是不是記錯了？下次可以總結清楚一點，不要隨便給個報告。」在這種提問中，管理者暗示「我知道你在撒謊」，但由於採用了提問的方式，為員工找到了臺階，這樣既可以讓他們有所警惕，也能夠為他們保全顏面。

當然，絕大多數中層員工並不會撒謊，但從他們的職業經歷和利益出發，他們也很容易選擇「報喜而不報憂」的溝通態度。正常情況下，如果管理者不向下屬直接提出要求，聽之任之，就會出現好消息來得快，而壞消息來得慢，甚至一拖再拖的情況。因此，在和中層員工溝通時，也要注意其匯報時比較可疑的內容，並加以提問。

經理：經過我們的努力，×× 公司終於改變了態度，他們同意繼續簽訂下一批次的訂單。算起來，這批訂單起碼能夠提升我們明年 5% 的利潤。

管理者：不錯，你們付出了努力，辛苦了。

經理：的確，我們花費了不少時間洽談，終於拿出了良好的條件讓對方滿意。

管理者：那麼，是什麼樣的條件？

經理：我們提出加大技術服務的支援力度，確保對方公司產品使用的穩定性。

管理者：這麼說，對方一開始是由於產品不穩定而拒絕簽訂訂單？

經理：呃，也可以這麼說……

這段對話展現的事實相當典型：中層員工故意不提客戶拒絕簽訂單的原因，直到最終簽訂之後才到管理者這裡來匯報成績。但管理者並沒有止步於喜訊，而是抓住其說話中展現出的事實因素，刨根問底，讓經理自己說出真相。

在防止「報喜不報憂」的情況時，管理者必須多思考中層員工言語中前後矛盾之處，不僅要發現其某一次談話中暴露出的破綻，還要將其多次談話所展現出的問題加以比對，從中發現值得多問幾個「為什麼」的方面。

下面這些問題能夠很好地幫助管理者避免受到矇蔽。

▸ 為什麼之前不來匯報？

▸ 基層員工沒有做到，那麼你們作為團隊領導者是否做到了？

▸ 客戶的真實意圖是什麼？

▸ 競爭對手什麼時候改變的策略？

▸ 你認為企業文化是否包括支持這種行為？

▸ 如果我不問這件事，你打算什麼時候匯報？

這些問題不僅能夠促使中層員工反思為什麼「報喜不報憂」，還有著更為長遠的影響。透過思考、回答和應對類似問題，中層員工們會清楚管理者很難被矇蔽，同時也不喜歡拖延。這樣，當下次發生類似的事情時，他們會第一時間原原本本地匯報，而不會試圖拖延「報憂」的節奏。

面對中層員工令人懷疑的回答時，管理者也應該適度自我檢討。管理者需要觀察自己日常的言行是否做到了開誠布公，和員工的溝通方式是否缺乏坦誠。這些問題往往是導致中層員工喜歡用說謊來逃避現實的根源所在。如果管理者能夠積極擴充套件自己的提升空間、適當彌補身上的缺點，將大幅度減少中層員工那些令人懷疑的回答。

04 如何讓他持續說想說的話

不同文化下的員工都會面臨開口說話或者繼續沉默的選擇。但必須承認，亞洲員工在做類似的選擇時，會受到更多來自內心的壓力。有研究顯示，在層級距離感較為明顯的文化下，領導層習慣於和中層員工做更少的交流，而後者則也習慣於遵守上級的規則，很少表達自己的看法。

中層員工有這樣的習慣固然不能說是壞事，但隨著市場競爭激烈、企業擴張發展，一個沉默的中層團隊並非是管理者之福。在日常溝通和策略決策的過程中，管理者應該學會開放而包容，吸引中層員工以積極的姿態關注問題，提出意見。這樣，企業才會獲得革新的源泉力量。

在現實中，同樣是和中層員工進行面談，不同的提問方法，其結果往往大相逕庭。失敗的提問很容易堵住員工的嘴，導致其選擇沉默；成功的提問則能夠啟發員工思路，獲得出奇致勝的談話效果。

一天快要下班時，客戶服務部經理正在整理一天的工作

資料，準備下班之後去幼稚園接孩子，管理者走了進來。

管理者：劉經理，現在不忙吧？考核結果出來了，我想和你談一談。

（經理來到了管理者辦公室，心神不安地坐下）

管理者：劉經理，你看到績效考核的結果了吧。

經理：是的，我看到了。

管理者：你覺得能接受嗎？

經理：我能接受。

（電話鈴響了，管理者拿起電話，打了 5 分鐘才結束通話）

管理者：剛才我們談到哪裡了？

經理：談到我個人的績效考核結果。

管理者：嗯嗯，你去年的工作情況嘛，總體來說還不錯，部門裡面有些成績還是值得肯定的。不過，成績只能說明過去，這裡我就不多說了。我們今天主要來談談部門業績裡的不足，這些不足可要引起你的充分重視。目前來看，雖然你完成了全年業績指標，但是在和下屬共處、維護客戶關係上還是有些欠缺的……

經理：明白，我明白，其實我是努力完成業務指標的，只不過……

管理者：好了，今天就這樣吧，年輕人多學習、多領悟就好！

（管理者離開了，經理卻一頭霧水，他覺得自己一肚子

話沒說出來，但卻不知道怎麼說）

如果管理者換一種方法，用正確的提問方式進行溝通，則很容易幫助這位經理說出原本想要說的話，也就不至於產生上面的尷尬結果。

管理者：劉經理，最近我想結合你近期的考核結果和你聊聊，你什麼時候比較方便？

經理：我週四以後就不用接待重要客戶了。您看怎麼樣？

管理者：那就週五 9：00 吧。你看你是不是也準備一下可能用到的材料？

經理：好的。

（週五 9：00）

管理者：劉經理，今天我們用 1 個小時左右的時間回顧一下你過去半年的業績情況。在開始之前，我想請你談談，我們公司做績效考核的目的是什麼？

經理：績效考核有利於挑選優秀的員工進行獎勵，對那些業績不佳的員工進行懲罰。不知道我理解得是否正確。

管理者：唔，你的理解有一定道理，但是和我們績效考核的真正目的有些不同。事實上，績效考核並不完全是為了獎勤罰懶，而是為了把員工工作中的優點和差距回饋給大家，幫助大家了解工作得失，明確方向；也便於提供溝通的基礎，讓上下級能圍繞業績進行交流。現在你是否明確了？

經理：現在我理解清楚了。

　　管理者：既然我們的理解已經一致了，那現在從自我評價開始做起，先來談談你個人工作中的優點和缺點，再來談談團隊的成績和不足。

　　經理：好的。

　　在後一種場景中，管理者與經理取得了良好的交流效果。雙方圍繞績效考核的結果，交換了不同角度的理解和看法，最終使經理意識到自己需要改變和提高的地方。

　　上述兩種談話方法對比，水準高低自然展現出來了。不少管理者曾經抱怨，即使自己抽出時間和中層交流，卻還是得不到多少回饋，下屬們寧願唯唯諾諾和沉默應對，也不想說出心裡話。其實，這並不一定總是下屬的錯誤，而是他們想要說話的時候，往往就已經被管理者們無視、打斷了。

　　想要激勵員工不斷地用語言和自己溝通，管理者需要重視下面幾個細節。

◆ 面談之前，管理者應該做好充分的準備

　　管理者在和中層員工面談前，要做好事前準備。除了安排好時間和地點、環境之外，還應該對面談者有所了解，如圖 5-1 所示。

　　例如：談話可以在較為安靜且氣氛輕鬆的小會議廳進行，在談話的過程中，管理者最好不要接聽電話，也不應該離開去處理事務。這樣才能確保提問專注而到位，員工也能夠圍繞同一個話題持續發表想要說的話。

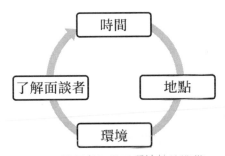

圖 5-1 管理者和員工面談前的準備

◆ 管理者應設計好問題

在進行較為正式的溝通之前，管理者可以對談話規劃出明確的主題，確定談話能對中層員工發揮推動作用。隨後，應該重點圍繞對應主題，設計足以支撐和推動談話的問題。

這些問題可以分為下面的三大類型，如圖 5-2 所示。

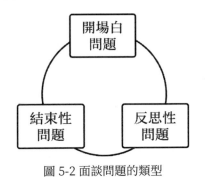

圖 5-2 面談問題的類型

（1）開場白問題。最好使用較為開放的問題作為開場白。這些問題應該描述對方熟悉的生產、服務或者經營領域，這樣就能有效引發他們的回應。而開放型的問題又能讓中層員工從談話的局限範圍中「走出去」，讓他們的思維回到日常工

作中，反思自己曾經碰到過的情況，總結心得並積極表達。

下面這些問題適合用來作為開場白。

▸ 談談你對 ×× 事情的看法，好嗎？

▸ 對部門最近業績怎麼看待？

▸ 公司的新變化，你怎麼評價？

▸ 你下屬員工的工作表現如何？

▸ 對公司決策有什麼建議嗎？

▸ 有沒有發現值得提倡的創新工作方法和理念？

不要設定過多開場白問題，而是選擇一兩個對方最有發言權、最有研究的問題，確保其能有所闡述。另外，開場白問題最好能和中層員工近期所關注的主要工作有關，這便於他們結合實際作答。

（2）反思性問題。這部分問題可以有多個，貫穿於談話的過程中，其特點在於「反思」，包括中層員工對自身工作的反思、對部門員工工作表現的反思等。管理者可以在問題中要求他們具體闡述某下屬的表現，或者要求他們報告已經告一段落的工作成果，這樣可以有的放矢，確保對方的反思能夠落在實處和重點上。

在談話的過程中，可以將開放式問題和封閉式問題相結合，便於中層員工放開和收攏思維，不斷陳述自己的見解。

（3）結束性問題。在談話的最後，管理者可以提出結束性問題，如「我們是不是又取得了共識」、「現在還感覺工作

那麼難嗎」、「有沒有信心克服困難」等。這類問題的最大價值並不在於真正解決什麼困難，而是透過中層員工的肯定回答，給其自身以堅強信心，以幫助他們樹立面向未來的鬥志。

◆ 提問之後應給出回饋

中層員工之所以經常欲言又止，是因為他們只聽到了管理者的提問，卻沒有看到管理者給出的回饋。想要強化他們的溝通動機，管理者就要表達出自己既認真提問又認真思考的態度。例如：及時在筆記本上記錄員工的回答，表情上流露對答案的肯定或者否定等等。另外，還可以在提問獲得回答之後具體描述員工答案的精髓，如「我能不能這樣理解」、「你的意思是不是」，而非始終喋喋不休地教導。

05 他為什麼相信你和你為什麼相信他

鼓勵中層員工與你進行深度對話，說出你不知道的真相，這是每個優秀管理者的任務。為此，在提問中應該先讓中層員工清楚你的情況和需求，並感覺到充分的信任，他才會知道自己應該如何做。同樣，你也能夠透過有效提問，獲得對方所要表達的真相，從而更加信任他們。有了順暢的雙向溝通，上下級才能相互信任，並最終形成一致的見解。

假如你面對的是新接觸的中層員工，雙方只是認識而已，那麼，你就應該透過事先準備好的問題建立信任。在對方識別問題的過程中產生信任，這樣才能進行下一步切入主題的闡述。你應該盡快促使對方正確識別問題，使兩人之間產生信

任。尤其是當企業內的大部分溝通方式看上去都似曾相識時，中層員工更會因為問題的差異而對管理者產生好感和信任。

需要記住的是，在中層員工眼中，管理者提出的「有用的問題」，意味著直接和其工作有關。

某個銀行主管貸款業務的副管理者和貸款部經理第一次見面，他這樣問道：「你能否告訴我，你們是怎樣對前來申請貸款的客戶名單加以排序稽核的？」對經理來說，這是一個非常有「識別感」的問題，因為銀行對貸款本身相當關注，而部門內部最關注的則離不開稽核的高效性和科學性。透過提出相關問題，副管理者向對方表示自己熟悉業務，而且相信對方也熟悉業務。在提問的時候，副管理者用「告訴」來連結「你」、「你們」、「我」三者之間的關係，也展現出雙方距離的貼近。

透過類似提問，管理者可以讓中層員工迅速和自己站在一起。以具體的識別問題過程來建立關係，確定彼此的信任，擴大溝通的空間。

除了利用問題本身的識別性之外，下面這些原則可以更好地幫助管理者解決「如何透過問題與員工建立信任」的課題。

◆ 應該用問題揭示員工的需求

中層員工工作繁忙，他們不願意在毫無效果的溝通上浪費時間，即使面對管理者也是如此。為此，你可以一開始就透過問題來揭示他們的需求，引導他們相信自己。建議使用

下面這些問題。

▸ 你可以告訴我現在的狀況嗎？

▸ 你打算達成什麼目的？

▸ 你打算如何引導這位員工？

▸ 部門的計畫是什麼？

▸ 誰來接手這些任務？

▸ 工作上有沒有困難？

這些提問能夠幫助員工發現自身的需求，甚至連他們自己都不知道的某些需求。而一旦問對了需求問題，管理者無形中就確立了自己的教練地位，員工就會信任你，相信你在試圖為他的部門工作做出貢獻。自此以後，他們會接受你更多的提問，你們之間將建立長期的信任關係。其原因就在於你的問題不是告訴員工「管理者打算做什麼」，而是告訴員工「你們需要什麼」。

◆ 用提問加深關係

在某種程度上，管理者不僅需要用提問來獲取員工的信任感，也需要建立對員工的信任感。只有多提出問題、多得到回答，管理者才會加深對員工的了解，有機會從不同的角度認識員工。因此，他們還需要以不同場合的不同問題，加深和員工的關係。

下面這些問題不太適合運用在與陌生中層員工的談話中。

「你對我們的決策了解多少？」這是一個管理者以自我為中心的問題，想當然地以為只要中層員工了解決策就會深入執行，但顯然這是不大可能的。此外，假如中層員工不知道問題的答案，就會陷入尷尬，他們不自在之後，就會產生信任危機。更何況，這樣的問題聽起來像是在面試，沒有人會喜歡。

為了建立友好關係，可以使用下面這些問題替代。

▸ 請告訴我，你們現在主要的專案是什麼？

▸ 你們的工作任務與企業今年的策略目標有什麼關係？

▸ 你現在最著急的工作是什麼？

「你希望決策層怎麼做？」在拉近雙方信任關係之前，過早提出這個問題，會讓中層員工感到有壓力。因為你迫使對方做出回答，其隱含的資訊是「管理者已經願意為你做出改變了」。但理性地想一想，管理者當然不會隨便為某個部門經理做出整體決策的改變。如果管理者無法完成承諾，就不要這樣問，否則反而會弄巧成拙。

比較好的替代問題有「對於公司決策，你有沒有想要了解的」、「有沒有困難需要公司給予幫助」等等。

◆ 要讓對方有安全感

建立信任的前提是安全感。當中層員工在溝通之前就擺出想要自我保護的姿態時，管理者最好先這樣說：「我們的

溝通是彼此對等開放的，因此，你可以暢所欲言。」這樣的話能夠讓對方內心產生期待，並不認為自己處於一個弱勢的地位，他們也不會過於擔心說出實話的後果。在這樣的情況下，和對方建立充分的信任關係就沒有太大困難了。

06 封閉式提問讓員工的回答不拐彎抹角

無論是對內管理還是對外溝通，管理者都應儘早學會封閉式提問的方法，以便更快達到目的。

那麼，什麼是封閉式提問呢？

所謂封閉式提問，是指問題的主題集中、具體而單純，指向性較強，回答者所能選擇的答案範圍較小。因此，他們通常要做出明確的選擇，無法迴避，而管理者就能夠從對方的回答中得到事實真相。

封閉式提問可以針對管理者想要快速獲取答案的情境，尤其適合那些職場經驗豐富或者內心存有顧慮的中層員工。當他們加入談話之後，出於不同原因，往往喜歡採用拐彎抹角的方式回答問題，如果不採用封閉式提問，很容易陷入下面的困境中。

管理者：你好，我想知道最近你和 ×× 客戶之間的溝通情況。

經理：對方的代表很難纏，他們總是在提不同的要求，如果我們拒絕一個要求，他們就換一個要求。

管理者：這些要求主要集中在哪些方面？

經理：各方面都有，價格、品質、售後服務，或者拿其他競爭對手的優勢來與我們比較。

管理者：那我們打算怎麼應對？

經理：根據不同情況進行應對，總之很棘手，既不能損害公司利益，又要拿下客戶，我們也覺得很麻煩。

管理者：……

顯然，這樣的對話拖沓而無用，管理者也不知道問題發生在哪裡。看起來，經理並沒有拒絕回答問題，但給出的資訊卻是經過有意無意隱藏和處理的。

管理者同樣在問相關話題，如果選擇封閉式提問，效果就不同了。

管理者：你好，最近和 ×× 客戶的溝通是不是有成效了？

經理：嗯，沒有什麼進展。因為對方的客戶代表有很多要求，如果我們拒絕一個要求，他們就換一個要求。

管理者：這些要求是不是和產品價格有關？

經理：的確是的，最麻煩的幾個要求都和價格有關，他們舉出了市場平均價格，說我們的價格貴了 3.5%。

管理者：你們有沒有向對方說明原因？

經理：說明瞭，但他們感覺我們缺乏誠意和說服力。

管理者：我明白了。我馬上要求技術部門派人提供你們更多的產品數據。

顯而易見，由於管理者在後一種情境中大量使用封閉式提問，包括「是不是」、「有沒有」、「要不要」、「對不對」等詞語，這樣，回答問題的經理就不能再繞圈子，只能採用「是」或「否」進行簡單應對。這充分說明，封閉式提問尤其適合想在對話中了解事實情況、蒐集資訊或者強調細節的場合。

一般而言，封閉式提問還可以用於下面幾種場合。

◆ 加以確認

能夠幫助管理者及時確認情況和進度，以便做出不同的管理措施。另外，對第三者事實的確定也可以包含在封閉式提問之中。

管理者：王經理，你們部門的行銷企劃方案是否修改完成了？

經理：已經修改完成了。

管理者：其中是不是有產品外觀的宣傳？

經理：有，內容很充分。

◆ 提出意見和建議

想要下達某些指令時，採用封閉式提問的形式，其效果往往比起直接的肯定句式更好。

管理者：昨天我看了一本書，談「互聯網＋」趨勢的，對於管理很有幫助。你們想不想看一下？

◆ 提出邀請

管理者想要邀請下屬溝通，但並不適合用直接命令式的語氣提出時，也可以採用封閉式提問的方式。

管理者：張部長，明天我想和你討論一件事，你有沒有時間？

需要注意的是，雖然封閉式提問有直截了當的效果，但我們不應該頻繁使用。如果習慣使用封閉式問題，不僅會過於強勢、缺乏禮貌，也容易阻礙溝通的正常進行，產生否定的答案。這是因為封閉式提問往往是以結論作為導向的，管理者如果一味想要很快知道事情的結果或對方的表現，無形中就剝奪了中層員工的表達機會，甚至根本不給對方解釋的機會，這樣難免會讓中層員工產生被審問的感覺，情緒上產生對抗意識。

管理者要懂得挑選封閉式提問的時間和場合，在需要一針見血時集中提出，而在一般溝通時，則可以將封閉式提問和開放式提問結合使用。

07 聆聽時如何鼓勵他大膽說

在人和人溝通的過程中，懂得聆聽是很重要的。作為企業領導者，管理者如果能夠在聆聽時掌握鼓勵員工大膽表達的方法，就可以幫助下屬建立信心，讓他們獲得更多的成就感。在和中層員工溝通的過程中，除了認真提問之外，一定要認真聆聽，鼓勵他們大膽地說出來。

下面這些案例中，管理者對中層員工的話語表現出不同的態度，其效果從最差到最好，分別展現在員工受到的鼓勵中。

◆ 案例一

經理：這個客戶太麻煩了……

管理者：你不要告訴我這些沒用的，聽我說，公司的要求是……

◆ 案例二

經理：這個客戶太麻煩了……

管理者：作為經理，你的心理素養應該強一點，一點委屈都受不了？你可是部門經理，記住，你不是普通員工。

經理：但是他的確要求太多了……

管理者：不要說了，我知道情況，但這不是理由。反正我不管，如果你們部門解決不了問題，我就把專案交給別人。

經理：……

◆ 案例三

經理：這個客戶太麻煩了……

管理者：他們怎麼麻煩？

經理：幾乎每週都要求技術部門過去為他們指導產品的使用，或者修復產品。

管理者：這個嘛，很正常，你應該理解客戶……

◆ **案例四**

　　經理：這個客戶太麻煩了⋯⋯

　　管理者：哦？說說看，他們是怎麼麻煩的。

　　經理：他們每週都打電話給我，讓技術員上門教他們如何使用和修復產品。

　　管理者：每週都打電話？

　　經理：是啊，我的部門很忙，他們這樣幾乎讓我難以抽出人力安排其他技術工作。

　　管理者：嗯，我理解你的麻煩，但是這是我們的工作。對不對？

　　經理：好吧，× 總，有您的理解，我會堅持下去的。

◆ **案例五**

　　經理：這個客戶太麻煩了⋯⋯

　　管理者：哦？說說看，他們是怎麼麻煩的。

　　經理：他們每週都打電話給我，讓技術員上門教他們如何使用和修復產品。

　　管理者：每週都打電話？

　　經理：是啊，我的部門很忙，他們這樣幾乎讓我難以抽出人力安排其他技術工作。

　　管理者：那麼，你有沒有想過，是不是我們的產品和他們的需求不配套？有沒有可能換一種產品推薦給他們，效果就會好一點？

經理：× 總，您說的對我很有幫助，我馬上回去研究一下，回頭再向您報告。其實，我覺得有可能是其他原因。

管理者：什麼原因？

經理：很可能是客戶那邊的使用環境發生變化了。

管理者：很好，那就按你想的為他們提供新方案。

在上述 5 個案例中，管理者對中層員工所表達的內容，分別給予從無視到尊重、理解，再到引導思考的態度，而中層員工也因此受到鼓勵，說出了自己的想法。

在案例一中，管理者表現出的態度是拒絕的，他根本不聽員工說下去，對於員工所講的內容表示反感；在案例二中，管理者打斷對方的說話，用質問去否定中層員工；在案例三中，管理者似乎接受了員工的說法，但卻沒有鼓勵他繼續說下去；在案例四中，管理者已經表現出了接納的真誠，但卻沒有繼續提問以便挖掘員工的意見；只有在案例五中，管理者不僅全神貫注地聆聽，同時還站在員工角度思考，用同理心給出反應，用問題啟發員工得出良好的對策。

下面是在和中層員工交談時，能夠有效鼓勵他們大膽說的 4 個方法，如圖 5-3 所示。

圖 5-3 有效鼓勵員工談話的方法

◆ 要表現出對員工言語的興趣

　　既然開始了談話，管理者就應該集中精力，聽取員工的表達。首先應該停止手頭的事情，並確保盡可能減少干擾。其次，應該展示自己的興趣，可以當對方說出某項事實之後加以反問，如「的確是這樣嗎」、「真的有這種情況」等，讓員工感到他的問題已經被你吸收，並轉化成為管理者所面對和思考的問題。這樣，員工將能夠感知到管理者的投入，而管理者也能在下一步的溝通中了解更多。

◆ 在被動交談中主動提問

　　所謂被動交談，即並非管理者發起而是由員工發起的談話。即使是這樣的談話，如果管理者沒有聽懂對方的意思，也應該主動提問，要求其進一步解釋清楚。例如：管理者可以使用封閉型問題來確認，如「你的意思是不是說」、「目前存在著的情況是不是這樣」等；也可以使用開放型問題，鼓

勵員工進一步說出其觀察到的事實，如「圍繞這項工作，你
自己還有哪些看法」等。當然，管理者也應該注意，不要直
接用質問或反問辯駁員工，否則很容易讓對方感覺自己被強
加意見，並且說明管理者對他們的意見不感興趣。

◆ 不要生硬地反駁

即使是普通人，在被動聽取他人意見的時候內心也會建
立起防禦狀態。而管理者由於在企業內部的特殊領導地位，
就更容易進入失誤，即在聽員工說話的時候，會不自覺地想
到反駁的話，並順理成章地以反駁的形態表現出來。為了避
免這種情況，管理者可以用提問的方式來表達不同的意見，
如「你有沒有想到這種情況」、「如果是這樣的話，是否可
行」等。這樣，就不會因為突如其來的反駁，而將員工本來
想要說的話堵回去。

◆ 不要只聽表面語言

優秀領導者必然也是優秀的聆聽者，他們不只聽取對方說
什麼，還注意對方是怎麼說的和為什麼這麼說。在提問確認其
真實意圖的同時，管理者需要判斷員工說話的語氣，注意他們
的身體語言。一旦管理者發現對方可能隱瞞資訊，或者沒有說
出全部內容，就應提出簡單而有效的問題作為回覆，引導他們
進一步表達，例如：「這是不是因為」、「然後呢」、「比如說
呢」，這樣就能鼓勵員工，讓他們說出真正意圖。

第06章
如何向企業高層提問，才能制定策略

01 企業策略「關我什麼事」

不少管理者會有類似的錯覺：自己的主要職責是制定策略，而策略營運則是下屬應該履行的事情。但結果往往令人失望：公司高管團隊成員大談策略，卻並不清楚自身在策略執行中擔任何種角色，以至於人人都重視策略，但人人都不知道策略關自己什麼事。受此影響，在企業的辦公室中，隨處可以看到策略、願景、規劃和鼓勵口號，但中層管理者和基層員工沒有具體的方向和目標。

其實，制定策略的意義是為了明確組織目前在市場中所處的位置，找到未來應該達到的位置，然後在兩者之間選擇恰當的路徑，透過資源的配置和運用，最終實現目的。因此，企業高管團隊中每個人都需要參與到策略的設計之中，並了解自己在其中所扮演的角色。

美國 QVC 公司是全世界最大的電視和網路百貨商，管理者范·瓦寧經常使用提問方式對高管團隊解釋策略目標。例如：在探討銷售額策略目標的時候，他會透過描繪美好藍圖來展現策略目標所能帶給每個高管的收益，如客戶滿意度、員工自豪感、人力資源整合度等。隨後，他會圍繞其中每種收益提出問題，要求高管們分別做出回答，而這些回答有助

於實現整體的策略目標。

下面是 QVC 公司高管們收到的問題。

「在第一季度和第二季度中，公司是否能夠進入其他有利可圖的市場？」

「怎樣用電子郵件行銷在整體層面提高業績？」

「怎樣讓長期沒有購買的顧客群體重新活躍起來？」

「在第一季度和第二季度中，什麼樣的市場行銷策略能夠促進銷售？」

「如何在更大的市場空間中開展銷售活動？」

「既有的策略規劃中我們達成了什麼樣的目標？」

隨後，范・瓦寧將這些問題掛在牆上，讓企業高管們進行討論和投票，確定其中哪些是最容易實現的。透過這樣的方法，將問題按照重要順序排列好，並形成新的一致的策略意見。

對於管理者和他的高管團隊來說，在制定策略計畫時，必須要這樣將計畫本身和每個成員的職責連繫起來。否則，策略就會因為無法分解而失去應有的意義。

在和高管團隊就策略進行討論時，管理者還可以用下面問題引起他們的重視。

▸ 你所負責領導的部門能否獨立形成策略規劃？

▸ 這些部門將為企業的策略成果貢獻哪些力量？

▸ 在過去一段時間中，你領導的部門提供了哪些價值？

▸ 現有策略規劃存在哪些優勢、不足、機會和風險？

▸ 如何評價已經完成的策略規劃部分？

▸ 競爭對手的行動和我們的策略有什麼關係？

這些問題可以分別提交給不同的高管成員，也可以同時向某一個高管提問，其目的在於喚起他們的注意，能夠從企業的整體利益高度看待自己的工作。

向高管提問並討論企業策略問題時，管理者還應該注意下面這些原則。

首先，應該結合實際進行提問。例如：面對主管人力資源的副管理者，管理者可以多詢問「人力資源建設的策略目標如何在部門之間分解」等實際問題。這樣，對方才會將其看作自己的工作內容而認真思考。盡量避免將那些抽象化的策略問題放在每個高管面前，否則很容易導致他們的逃避。

其次，提問形式可以多樣化。既可以在高管會議上當面提出，也可以在私下交流中進行，還可以透過書面、網路、備忘錄提醒等方式進行。透過多管道提問，高管員工能夠意識到策略要求無時無刻不存在於周圍，並為此而展開深入思考和具體行動。

最後，隨著策略規劃在企業執行層面的推進，問題應該及時解決。例如：每年第一季度和第四季度所提交給高管成員的問題，就應該根據市場業績的變化而有所不同。由於問題內容的不同，高管將意識到自身工作帶來的結果和意義也

有所不同，他們會將自己的工作同企業策略目標更加緊密地結合在一起。

02 多次提問，才能挖到策略目標

策略目標是企業策略經營活動預期獲得成果的期望。策略目標的設定，應該是管理者領導高管團隊過程中最重視的問題，因為其包含著企業宗旨的展開和具體化，透過設定這一目標，可以展現出企業的經營目標和社會使命，也是企業在既定市場領域策略經營水準的展現。

在和高管討論策略目標之前，企業管理者應該意識到目標的下列特點。

首先，策略目標是宏觀性的，是對企業全域性的總體設想而非區域性，提出的是企業整體發展的總任務和總要求，規定的是企業整體發展的根本方向。因此，人們討論出的策略目標應當是高度概括的。

其次，策略目標是長期性的，著眼點應該是未來。策略目標是關於企業未來的設想，不可能一蹴而就，必須經過企業全體員工在較長時間裡一致努力才能夠實現。

再次，策略目標是相對穩定而全面的。策略目標既然概括了企業的總方向和總任務，那麼在相當長時間內，就不應該有變化。同時，雖然策略目標著眼未來，但卻不應該脫離現在；雖然著眼於全域性，但又不排斥區域性；它規定了企業的全面行動要求，但同時也是相當具體的。

　　只有正確認識到策略目標的這些特性，管理者和高管才能在經過多次討論後挖掘正確的目標並形成規劃。

　　1970 年代初期，柯達公司進入影印機行業。然而，由於策略目標不清楚，開始時並不成功。為了改善這樣的狀況，柯達公司管理者召開高管團隊會議，決定調整經營方向，確定新的策略目標。

　　圍繞當時的市場情況，管理者分別提出了以下問題。

　　Q. 目前最需要解決的問題是什麼？

　　經過討論，高管們得到的意見是提高產品品質和服務品質。

　　Q. 和競爭對手相比，我們欠缺什麼？

　　高管團隊給出的答案是新產品。

　　Q. 在企業內部，我們能做出哪些變革？

　　高管團隊的回覆是降低成本，提高生產效率。

　　Q. 最終我們將成為什麼樣的行業角色？

　　高管們一致認為柯達應該成為影印機行業的主導者。

　　在提問和討論中，柯達未來的影印機生產和行銷策略正式形成，為了調動中層和基層員工的積極性，由高管分別採取不同的措施向主管和員工傳播策略目標，極大地調動了整個公司的積極性和創造性。

　　企業的策略目標不是一時半會就能實現的，需要全體員工加倍努力。其中，高管團隊成員的角色尤其重要。如果無法透過反覆提問和高管成員達成一致、穩定的信心，就有可

能在遭遇困難時士氣大跌，影響企業策略目標的實現。

利用提問來制定策略目標時，管理者應該著力防止下面這些問題的出現。

首先，以提問避免策略目標形式化。管理者不應該將企業策略目標看成一條口號或者一句標語，如「十二字策略」、「十六字策略」等形式。相反，策略目標的設立是複雜的系統工程，包括企業願景是什麼、目標體系如何搭建、怎樣實現目標、策略應該如何執行和監控等，應將這些內容逐一分解，向高管團隊成員提問諮詢。

其次，防止策略目標制定和管理的機械化。目前，不少管理者對策略目標的認知不夠深入，其具體表現：在提問時，不從企業自身狀況與所處實際情況出發，並只認可那些符合自己願望的回答，導致策略目標脫離現實；過多注重策略目標的設計，忽視其實施，展現在提問上即不看重企業制度的制定、組織機構的建設等具體問題，而是直接詢問策略理論，因此缺乏實用化。

尤其值得注意的是，如果缺乏多次提問的深挖精神和考證實踐，企業的策略目標就容易被模糊化。管理者必須為企業建立一套清晰而便於操作、考核的策略目標體系，這種策略目標不應是模糊的，這就需要在提問過程中予以充分重視。

管理者：策略目標中應該如何規定利潤方面的目標？

行銷高管：應該是利潤大幅度成長。

管理者（進一步挖掘）：究竟成長多少個百分點？需要多長時間實現？

經過討論，最終設定的策略目標是「企業未來 3 年的利潤總額提高 12%。」

又如，市場部總監提交的策略目標是「企業在未來 3 年內，將改善目前較為落後的市場地位」。

管理者：市場地位改善到何種程度才能稱得上是改善？

經過改進之後的策略目標是「在未來 3 年將市場占有率從 1% 提高到 7%」。

最後，為了明確策略目標討論時的提問方向，管理者可以從下面八大方面提前設定問題，其中每個問題又可以繼續分解成為若干個小問題，這些問題的答案應該是能夠被量化的。其中，大問題應該由高管直接回答，而小問題則可以由他們自行分解給業務部門回答。

▸ 獲利能力目標是什麼？包括總資產報酬率、利稅率、成本費用利潤率、淨利潤率等問題。

▸ 生產能力目標是什麼？拆分為人均資產總額、人均淨利潤、人均銷售收入等問題。

▸ 管理能力目標是什麼？其中包括資源利用效率、單位產品成本、管理費用占總收入的比例等問題。

▸ 競爭地位目標是什麼？主要包括產品成本降低多少、

人員成長多少、固定資產成長多少、稅前利潤成長多少、銷售收入成長多少、通路建設情況、市場占有率等問題。

▸ 技術創新目標是什麼？還可以延伸為產品上市時間，研發投入強度和新品產值率等問題。

▸ 員工素養目標是什麼？主要包括員工平均教育程度、員工培訓次數、管理者績效、員工流動率等問題。

▸ 員工福利待遇目標是什麼？包括人均薪資、人均獎金、工作環境改善程度等問題。

▸ 品牌形象建設目標是什麼？主要包括客戶滿意度、客戶回頭率、品牌知名度、舉辦和參加品牌活動的次數等問題。

任何策略目標，都應該是基於特定企業環境的策略。管理者必須因時、因地和因人來提出問題，制定具體的策略目標。不能只看到其他企業的成功而盲目進行，而需要管理者獨立判斷並由高管團隊仔細、認真作答，最終挖掘目標，並圍繞其形成可行而有價值的策略規劃。

_03_ 注意提問技巧，他到底在說什麼

世界知名領導力問題專家約翰·科特（John P. Kotter）提出，領導者和經理人之間最重要的差別在於，領導者的能力是提出正確的問題，而經理人的能力則是回答這些問題。

在今天的企業中，提出正確的問題，可以讓管理者了解下一步應該怎樣做，而回答這些問題，則能夠讓高管成員們

知道下一步該怎樣做。不僅如此，當管理者運用提問技巧時，還能夠了解高管回答的背後究竟有什麼含義。

Collectcorp 公司管理者傑夫・卡魯是透過提問技巧看懂下屬反應的高手，他尤其擅長在提出問題時採取誠懇的學習態度，從而讓自己有充分機會對高管的回答進行全面判斷。

在一次部門會議上，卡魯首先將和某個總監職責有關的問題列出來。以下是他和該總監的問答。

卡魯：我們看到了，你負責的這個客戶欠款突然增加了，你覺得情況如何？

總監：嗯，他的欠款數字變大了，這出乎我們的意料。

卡魯：你的意思是說，其實你的團隊也沒有預想到這一點？

總監：是的，確實是這樣的。

卡魯：那麼，我們應該怎麼辦呢？

總監：我認為，做好充分的風險預防措施是比較重要的。

卡魯：具體來說呢，用哪些風險預防措施比較好？我覺得你肯定還有更多對付這種問題的經驗。

隨後，在深入探討之後，總監將自己所能夠想到的辦法都提出來。卡魯也提出了自己的設想。

卡魯：那麼，這些方案中哪些是比較有效的？

總監：其實，每個方案都有可取之處，我不太清楚應該如何取捨。

　　卡魯：你的意思是，這些方案沒有一個是完全錯誤的，但也沒有完全適合的？

　　總監：嗯，可以這麼說，我想我們應該將方案的優缺點進行分析總結。

　　卡魯：或者說，這些方案中並沒有最好的，而是要將所有方案融合在一起？

　　總監：是這樣的。

　　最終，他們對各個方案進行了比較，制定出了基本的行動方案，而這正是卡魯作為管理者和高管成員日常工作解決問題所採用的辦法。

　　正如彼得・杜拉克所指出的那樣，溝通中最重要的部分，是能夠聽出溝通對象的話外之音。同樣，管理者需要認真而仔細地傾聽高管的回答，並具有相應的提問技巧，這樣就能最大限度地利用提問，弄懂高管想要表達的意思。

　　在提問的過程中，管理者應該注重下面這些原則。

　　首先，要請高管將他們對問題的想法完全告訴你。不要打斷高管的回答，也不要急於幫助他們解決問題，而是請他們獨立回答問題。反之，如果管理者打斷高管的回答，即使最初的動機是好的，也很可能奪走高管的發言權，結果溝通的重心再一次回到管理者這邊，高管則選擇了閉嘴。所以，管理者要確信對方真正完整地表達了想法，再開始提出自己新的問題或看法。

其次，在高管對複雜問題進行回答的過程中，你可以抓住對方回答中模糊的一部分，繼續深入，問出一系列問題。這些問題通常都需要詳細而深入的回答，其中大部分都需要量化數據進行補充。

例如：管理者的第一個問題是「產品服務將要做出怎樣的改進」，而高管的回答是「提升產品服務的標準化」。這樣的回答顯然是模糊的，管理者並不清楚高管的真實意圖，為此需要提出更細化的問題：「你打算如何督促下屬，盡可能地保證產品服務的標準化？例如，你怎樣盡可能多地確保使用相同的元件或者原料生產產品？」於是，高管也將會對此做進一步回答。

想要弄清楚高管回答背後的含義，管理者就不能拘泥於宏觀層面的問題，而應該找到更具體、更能說明執行過程意義的問題來向高管提問。這些問題可以用何時、何人、何種手段、何種對象、何種結果等 5 種類型來概括。

▸ 何時：詢問高管在什麼時間開始採用措施達成結果。從這個問題的回答中能夠了解高管打算開始計畫的時間，並明白他們對任務的重視程度。

▸ 何人：了解高管會安排哪些下屬、哪些部門完成工作。從高管的回答中，事先知道他們將如何使用人力資源開展工作。

▸ 何種手段：包括工作的開展、深入和回饋、考核等階段。

利用高管對此問題的思考，管理者能夠對工作的推進有初步的判斷，並可以提前進行討論與準備。

▸ 何種對象：包括工作的具體對象，如「你們在哪些地區開展這項優惠」、「你們會對哪些客戶進行調查」等。高管對這些問題做出回答之後，管理者才能夠有的放矢，為他們提供進一步的支援，協調更多的資源。

▸ 何種結果：如「你們將會提高多少個百分點的業績」、「會整合哪些生產力資源」等。透過觀察高管如何回答，管理者將能夠做到心中有數，並將結果放在企業整體策略規劃中加以考量。

對高管的詢問，管理者不能滿足於一時回答所帶來的「共識」，而要將問題落實到位，得到高管的切實承諾。無論是對直接下屬的管理，還是對整個企業的掌控，管理者都需要堅持這樣的提問工作。

04 如何在提問中找到他的價值觀

企業文化的核心在於價值觀，而高管成員的價值觀與企業是否統一對於形成良好而完整的企業文化是相當重要的。在管理者與高管成員的日常交流中，不妨利用提問尋找和確定下屬的價值觀。

下面是測試價值觀的典型問題。

目前，企業的市場行銷任務還差 500 萬元才能完成。現在有兩個區域市場的機會，其中一個是 450 萬元利潤目標，

成功的機率是 90% 以上，但即使完成之後，企業也達不到年度任務；相反，另一個機會是 500 萬元，但是成功機率只有不到 50%。那麼，企業應該傾向於開拓哪個市場呢？

這個問題雖然沒有絕對的正確答案，但是能看出高管成員的行事風格，並測試他們是否具有融入企業文化的價值觀，從側面看出他們未來的合作可能與發展方向。

在價值觀的測試中，除了利益和目標之外，心態是否積極應當作為考察的重點。一般來說，企業高管需要面臨工作上的重大考驗，這種考驗首先來自壓力，包括業績、客戶、公司內外等，沒有積極的心態，身為高管很容易出現情緒波動，進而影響工作和生活。

為了看清高管成員是否有良好積極的心態，管理者應該在接觸初期提出問題，仔細留意他們的用詞，看看其是否積極。

下面是某管理者和一位前來應徵的人力資源總監的問答。這位人力資源總監的履歷和業績不錯，如果按照紙面上的標準，他透過企業的職位面試並不是問題，但管理者透過提問發現了其心態上的不足。

管理者：你做人力資源總監已經好幾年了，經驗應該相當豐富了吧？

人力資源總監（笑）：經驗還是談不上太多，只能說自己還在學習中。

　　管理者：那麼，你可以說說在這麼多年的人力資源管理工作中，遇到過最大的難題是什麼樣的？

　　人力資源總監隨後描述了一次最難以搞定的考核。他說，他有多麼堅持，而他當時所在公司的上司有多麼難以搞定，提出的條件多麼苛刻等等。最終，他還是完成了這次考核，但在考核之後，他選擇了離職。

　　管理者對此感興趣，於是繼續問下去。

　　管理者：你最後為什麼沒有在這家公司工作下去？

　　人力資源總監：那家企業的文化太差了，而我和總經理產生了一些矛盾，最終公司董事會也決定不聘用他了。不過，按照他的工作方式，我想很難有下屬跟他充分合作……

　　管理者細心地記錄下這位人力資源總監所使用的一些詞彙，其中包括「太差」、「很難搞定」、「非常不願意」、「太苛刻」等，這些詞彙大都帶有負面情緒，在其話語中出現了不少次，說明他喜歡用消極心態對待工作中的困難，這並不是一個優秀高管所應具有的心態特點。

　　在了解高管團隊成員的時候，管理者不妨使用提問的方法。在聊天中，可以讓不同的高管成員講述自己曾經面對的困難，也可以請他們對自己的下屬、客戶或者其他人進行評價，並對其敘述回答中的用詞進行記錄和觀察。事實證明，喜歡使用缺乏積極性詞語的高管成員，其心態也不積極，而這也將影響他們的價值觀。

當然，價值觀本身也是相當抽象的，很多時候並不可能只是依靠短暫的溝通檢測出來。管理者不妨透過多次提問，對價值觀不同的組成部分進行探討，做到無所遺漏。

下面是戴爾公司管理者喜歡在面試中提出的價值觀問題。

▸ 你最大的優點是什麼？你能帶給公司的最大財富是什麼？

▸ 你最大的缺點是什麼？

▸ 你會做哪些事情節約成本？

▸ 工作中哪些事情是至關重要的？

▸ 你為什麼要工作？

▸ 人應該如何生活才更有價值？

▸ 你覺得應該如何管理員工，是期望更多還是檢查更多？

▸ 你喜歡用什麼樣的節奏從事工作？

▸ 薪資對你來說有多重要？

詢問上述類型的問題時，管理者應該重視鋪墊。例如：運用談話放鬆法，先和高管像朋友那樣溝通，讓他們放鬆情緒，然後再循序漸進地詢問和個人價值觀有關的問題。這時候，高管才會願意向管理者透露自己真正的想法。也可以提出一些迷惑性的問題，讓高管消除戒備心理，並透過回答，分析其背後的價值觀。

在高管回答出價值觀問題之後，管理者也不應該立即停止詢問，因為對方很有可能是按照大眾標準給出的虛假回答，或者只是給出管理者期許的答案。不妨透過更換人稱、

事件、問題內容等方法，進行旁敲側擊，如談論其他公司、其他產品或者其他員工等，設定出看似不經意讓對方的價值觀展露無遺的問題。

管理者除了從多方面考察高管的價值觀之外，還應該結合企業具體職位需求進行考察。例如：財政、銷售方面的企業高管應該更具備原則性，要能經得住考驗、受得了誘惑；人力資源部門的高管，要公正而沒有私心等等。只有有重點地提出價值觀問題，有目的地加以考察，才能確保選對下屬、達成合作。

05 遇到模糊的回答時該怎麼辦

必須承認，企業高管成員們大都有著相當高的智商和情商，當他們面對一些不願意做出答覆或馬上著手需要解決的問題時，往往都會採取模糊回答的態度。在「哦」、「好的」、「我會注意」之類的回答之下，其實是他們敷衍的內心動機。面對這種情況，管理者可以選擇無視或等待，但如果有必要，就應採取突發提問的方法，讓對方在無意間說出真實想法。

雖然管理者和高管成員屬於合作關係，但對方也容易產生用模糊語言逃避責任的可能性。因此，管理者需要讓對方放鬆下來，說出他們的心聲，獲知事情的真相，如圖 6-1 所示。

圖 6-1 遇到模糊回答時該怎麼做

在得到模糊的回答之後,管理者不需要馬上驗證高管所說的內容,而是應該了解對方的心理特點,轉而將談話重點放在消除心理的戒備上。過於急躁的詢問不僅無助於消除對方心理,反而讓對方更加防備,這就如同在海邊遇到貝殼類生物一樣,越是想要著急將牠開啟,牠就會關得越緊。

來看一個失敗的例子。

管理者:我們新推出的這款軟體,使用者的回饋如何?

總監:嗯,應該不錯,具體的效果回饋還在調查中。

管理者:還在調查?怎樣調查的呢?派了哪些部門?在哪些地方調查?

總監:哦哦,這些下屬們還在進行彙總中,大概過兩天就能出來結果了。市場調查需要一些處理的時間啊,不然也不準確。

管理者:……

顯然,管理者急於求成的心理占據了談話上風,他越是想知道實情,對方就越是用種種藉口來拖延。畢竟總監並不是負責具體執行的人,完全可以用模糊回答將責任隨便推脫給基層員工。

相反，如果管理者另闢蹊徑，不理會模糊回答，下屬很可能自然而然放鬆戒備，甚至有可能在他們自己都不知情的前提下就說出了真實情況。

管理者：我們新推出的這款軟體，使用者的回饋怎麼樣？

總監：嗯，應該不錯，具體的效果回饋還在調查中。

管理者：這樣啊……你身邊的朋友有人用了這款軟體嗎？

總監：有啊，不少，都是我推薦的。

管理者：是嗎？他們怎麼說？

總監：不少人覺得軟體視覺介面很整潔，但是有些朋友覺得功能還是少了點。我覺得，還可以在下面這些地方做一些優化……

將問題轉化到他的朋友身上，得到的答案反而精確了許多，這不能不說是側面提問獲得真相的典型方法。

面對高管喜歡模糊回答的情況，在正式討論主題之前，應該多談一些和主題無關的事情。這樣，可以讓其放鬆下來，也能利於你說服對方，完成關於主題的詢問，收集有價值的資訊。

總體來說，當高管不願意進行精確表達時，應該記住下面兩個要點。

要在再次提問之前讓對方有安全感。當高管員工為了保護自身利益而選擇模糊的回答時，管理者最好這樣告訴他：「讓我們分享實情，沒關係，一切都能妥善解決。」這樣能

夠讓對方放鬆戒備，就不會認定自己處境困難，也不會顧忌說出實話會有什麼不良後果。在這種情況下，引導他們進一步說出詳細情況就會變得簡單。

也可以使用「假裝不懂」的提問方法。這種方法要求管理者盡量假裝自己是個什麼都不懂、容易應付的人。這樣，高管就容易失去戒心，並將詳細事實說出來。換而言之，你可以讓對方自我肯定，提出「情況這樣，我完全不懂該怎麼辦」、「還有這些，我不知道我還能去問誰」等問題，這樣，對方就會無意中說出事情詳情。這種提問方式可以用來應對那些有充分自信心的高層員工。

在面對那些多次詢問都不願意吐露實情的高管時，可以攻其不備，突然問出關鍵問題。這需要巧妙的時機和環境選擇，例如：在正式的高管團隊會議上，或者在股東會議上，由管理者嚴肅地提出相關問題。即使再高明的高層員工，遇到這樣突如其來的正式提問，也很容易因為手足無措而解除防備。在詢問決定性事實時，不是馬上詢問高管，而是在其發言結束之後，突然再請他重新面對詢問並發言也是非常有效的方法。

06 他的理由是怎麼表述的，如何提問深挖

在交流和溝通時，高管員工為了表述事實或解釋行動，往往會用原來準備好的理由來證明，表示其做出了正確的言行選擇。如果管理者只是聽取其表面的理由，而不繼續用提

問進行深挖，很可能會忽視其決定之後真正的背景。

為了避免「只見樹木，不見森林」的錯誤，管理者在和高管交流時，不僅要看其表面上的理由，還要觀察他們是如何表述理由的，再以對應的特殊提問方式了解其動機根源。在很多時候，高管自己都意識不到的理由也能透過這樣的提問發現。

某房地產公司管理者召集會議，希望各位高管們能夠討論出新社區精裝修房的設計方案。一番討論之後，主要的意見傾向於 A 設計方案，而管理者較為看重的雷總監堅持認為應該選擇的 B 設計方案。可能礙於情面，或不願意當眾反駁主流意見，雷總監始終沒有說出具體的原因。他只是簡單地說：「根據我的經驗，還是選擇 B 設計方案更好。」

在會議快要結束時，管理者請所有人留下來，並提出這樣的問題：「大家都知道，該社區設計主要是針對從鄉下過來的住戶，也就是說他們既希望房子有良好的居住體驗，又能有最好的價效比。雷總監，如果你是這些住戶，你有什麼想法呢？」

雷總監很自然地說道：「我就是鄉下出身。如果是我的家人在市區買房，他們會希望家裡寬敞，裝飾起來不要過於複雜。他們會希望有一些裝飾櫃子，這樣既有了裝飾效果，又能放置物品，成本也不高。談到顏色的話，雖然現在流行淺色，但考慮到當地居民所喜歡的風格，可以嘗試使用一些更大氣的顏色……」

管理者聽完之後說道：「所以你支持採用 B 設計方案，這個方案恰好滿足了這些因素，不是嗎？」

雷總監表示同意。最終，會議取得了很好的效果。

管理者採取的這種問法確實相當有藝術性。在下屬不願意直接說明所有理由，而是用「經驗」、「感覺」、「想法」等主觀詞語來表達時，管理者可以找到合適的機會，允許他們以婉轉的方式來表達意願。這樣，下屬表明理由的責任得到了良好的「轉嫁」，緩解了由於心理壓力而產生的自我保護意識。

需要注意到的是，不僅在公開場合，下屬不願意進一步說明理由，當管理者問起下屬一些比較複雜的問題時也會有這種回答，如「你怎樣看待這批員工」、「你覺得公司計畫執行得如何」、「如果當事人是你，你會怎麼辦」等，由於主觀上不願意詳細說明，高管給出的回答也大都是「很好」、「不錯」、「我沒什麼意見」。這些回答如果不說明理由，幾乎和沒有回答差不多。此時如果領導者藉助特殊提問中的迂迴轉嫁方式，就能夠獲得下屬的認同，並使之吐露真正的理由。

還有一種有效的特殊提問是「尖銳式提問」。這種提問突如其來，能夠讓談話進入緊張狀態，使得下屬和管理者的思想發生直接對峙，很容易引起下屬的關注並說出原因，如圖 6-2 所示。面對一些個性較強而思維敏捷的高管，管理者也可以適當採用這種方法。

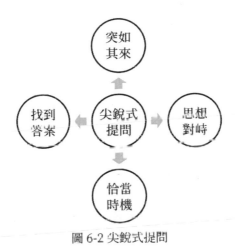

圖 6-2 尖銳式提問

　　尖銳式提問主要針對那些喜歡強調客觀理由的高管，面對最初問題，他們的理由經常是「由於市場限制」、「由於客觀情況」、「限於員工能力」等，但管理者不應該滿足這樣的理由。如果高管喜歡從類似的角度來表述理由，不妨使用尖銳式提問。

　　在使用尖銳式提問時，管理者應該注意時機，必須用最快的速度一針見血地提出尖銳問題，從而找到答案。如果時間充足，可以在開始提問的時候先問普通問題，最後再指向敏感而難以回答的問題。

　　例如，某次專案招標過程中，管理者找到負責的總監詢問。第一次談話時，他就直截了當地詢問：「為什麼招標不考慮選擇知名的 ×× 公司？」這樣的問題就比較簡單，同時浮於表面，談不上什麼尖銳性，總監很快就用準備好的說辭

回答。但如果管理者做好準備，情況就不同了。

　　管理者：最近你在忙招標的事情，真是辛苦了。

　　總監：應該的，大家都是為公司服務。

　　管理者：這次招標好像很受當地行業企業的注目？

　　總監：的確，我們公司的品牌影響力很大，所以他們都希望和我們合作。

　　（到此為止，提問都很普通）

　　管理者：嗯，不過為什麼像 ×× 公司這樣的優質企業，沒有進入競標？這樣的競標是不是都無法打動他們？競標出來的結果，是不是最有利於公司？ ×× 公司這樣的企業都不為所動，是不是意味著我們當初制定競標政策時，有一些不明智的地方？

　　總監：啊，情況是這樣的，我來向您匯報一下。

　　無論情況是否合理、理由是否充分，由於尖銳問題不斷深入，總監都必須一一作答，而不可能再用一兩句話的理由敷衍過去。管理者最終憑藉尖銳問題了解到全部情況，並接受總監提供的真實情況，這樣的溝通可以說是真正高效的。

　　上述案例情況較為簡單。在管理者的實際工作中，主觀理由、客觀理由的表達經常是混合在一起的，因此，管理者不應該只依靠婉轉式提問或尖銳式提問，只依靠其中某一種都不容易讓談話進行下去。管理者可以將兩種問題混合在一起，形成自然而然的說服力，使下屬不斷吐露實情。

<u>07</u>　他的回答是假設還是推理結果

　　威信是管理者身上最重要的東西。沒有威信，僅僅依靠行政機構所賦予的權力，管理者很難真正有所作為。但威信是無法靠擺架子能形成的，也並非依靠日常工作中的小恩小惠能換取，它需要管理者在工作中的點點滴滴加以建立。透過提問來判斷對方回答的是假設抑或推理，是管理者建立威信的重要手段。

　　1970 年代，後來成為蘋果公司管理者的約翰‧史考利（John Sculley）擔任著百事可樂副總裁，面對可口可樂的強勢挑戰，史考利決定發起市場調查。在調查中，有 350 個家庭被邀請到百事可樂公司倉庫，免費拿走所有想要的無酒精飲料和速食食品，而一週之後，他們需要上交每天的餐譜日記，才能拿走其他更多食品。

　　一週之後，調查出現結果，史考利帶領著幾名經理對資訊進行分析。

　　史考利：資料統計已經出來了，你們觀察到什麼現象？

　　總監 A：我們發現，幾乎所有的家庭都吃光了自己拿走的食物。

　　總監 B：我覺得，這說明公司的速食食品有著很強的市場潛力，能受到更廣泛的歡迎。

　　史考利（問總監 B）：是嗎，你是怎麼得到這個結論的？

　　總監 B：顯而易見，他們喜歡我們的食品，才會吃完了它們。

史考利：那麼，他們之前為什麼不去超市購買呢？

總監 B：因為價格問題，可能他們無法承擔所有食品的支出。

史考利：你調查了他們的家庭收入情況嗎？

總監 B：這個……還沒有……

史考利：所以這樣的結論只是你的推測。（問總監 A）你有沒有什麼結論？

總監 A：我發現，無論什麼樣的家庭，其種族、收入、階層、人數暫且不予考慮，都存在很有意思的情況。

史考利：嗯，不妨說說？

總監 A：他們拿走的飲料越多，吃掉的速食食品越多，你看，都記錄在日記中了。

史考利：所以，如果他們一次性得到更多的飲料，也就會消耗更多的速食。

最終，兩升裝的百事可樂問世。

如果史考利不是透過提問來明確高管結論的來源，他很可能被錯誤的假設導向錯誤的決策，百事可樂的行銷方向有可能就此踏入歧途。

管理者雖然是企業業務的最高領導者，但他永遠不可能全知全能，必須依靠高管團隊在回答的結論中提供各種支援，並在對這些結論進行充分研究剖析的基礎上，得出最終的個人意見來支持決策。

　　然而，在如何分辨資訊的有效性上，管理者往往花費的精力不夠。由於時間和角色所限，管理者被動地扮演資訊接收者的角色，卻很少考慮這些資訊的來源是否科學合理、真實可信。

　　為此，管理者需要在高管提供結論的同時有意識地運用提問，了解結論中的資訊有效與否。其中，資訊究竟來自實際考察還是有效推理，或者來自假設，是關鍵所在。

　　管理者可以透過提問對資訊得出以下 3 種結論。

◆ 資訊是否來自實際

　　當高管給出結論之後，可以首先詢問支持結論的資訊來源，下面這些問題都是管理者應該熟悉使用的。

▶ 哪些部門的資料可以支持這一點？

▶ 你的數字是從哪裡來的？

▶ 哪些職位員工能夠證明這一點？

▶ 這些客戶意見是否經過調查？

▶ 過去幾年公司的材料上有沒有相關記載？

▶ 我詢問誰可以得到證明？

　　如果高管可以馬上次答並提供來源，那麼他們的資訊起碼是真實可信的一手材料，而不是道聽途說。相反，面對問題時，如果高管吞吞吐吐，或者表示要回去重新查證，那麼他們對資訊真實性也缺乏足夠信心，而其結論自然也就難以站得住腳。

◆ 資訊和結論的關係

在很多情況下，由於觀點立場和思維方式的差異，同樣的資訊中可以導向不同的結論。正如史考利所面對的高管一樣，即使是相同的市場調查，也能夠產生迥異的個人看法。為此，管理者不應懶於垂詢，而是應當堅決詢問高管的思考過程。

如「如何透過數字得到這樣的結論」、「你是怎麼分析出來的」、「哪些資訊支持你得出這樣的看法」等問題，既顯得充分合理，又能表現出管理者對高管想法的重視。

當高管說出其思考過程之後，管理者應當站在客觀公正的角度，從正反兩方面評價他們的推理過程是否合理，是否存在先入為主的觀點，是否存在利益代入的想法等等。更重要的是，管理者可以同時詢問多名高管員工，看他們如何從相同的資訊得到各自的結論，再將這些人的思辨過程放在一起進行對比，形成全面而系統的看法。有了這種綜合性的看法，管理者自己的推理過程就會盡可能科學而合理。

◆ 利用提問來分享推理過程

當管理者完成自己的推理並形成結論之後，不妨和高管員工們共同分享這一過程，例如：「請大家聽聽我的意見，我認為……不知道是否合理？」這樣的提問能夠讓員工們重新審視管理者的想法，然後從他們支持或反對的態度中再一次進行自我分析和檢查，以確保企業決策的萬無一失。

第二篇
人際交流篇

第07章
表達自我，可以先提問

01　引發驚奇的提問：讓他對你充滿興趣

引發驚奇的提問，是人際交流中常用的交談技巧。尤其是在缺乏共同話題時，或者出現意見不同時，可以利用提問引發驚奇，迅速找到新的話題，讓主客雙方進入新的交談程序。

能夠引發驚奇的提問方式有很多種，做法也多種多樣。通常來說，在談話過程中，如果感覺到對方興趣減少，可以利用近旁或者相關的事物，巧妙地設定懸念，然後將話題轉移到自己需要的面向，如圖 7-1 所示。

圖 7-1 引發驚奇的提問

例如：可以利用眼前看到的環境、物品和人物，或者利用耳畔聽到的聲音、鼻子嗅到的味道、身體的感受等，提出足夠讓他人感覺有趣和驚奇的問題。當問題被丟擲之後，對方將會覺得很有意思，進而對你產生興趣。

某一次，管理者去拜訪業內知名專家，並希望得到老專家對產品的評價。見面之後，專家和管理者很有禮貌地寒暄。由於雙方從未見過面，也沒有聯繫溝通過，管理者不便切入正題，而寒暄也因此持續了較長時間。這時，管理者忽

然看見書房牆壁中掛著「制怒」二字，於是便開口問道：「怎麼，您平時也愛發脾氣？」

專家被這麼一問，感到很吃驚，又很有興趣地問道：「我年輕時候脾氣是不好，可是這些年心性定了不少，你是怎麼知道我愛發脾氣的呢？」

管理者指了指掛在牆壁上的兩個字，專家頓時明白了。於是笑著解釋說：「我就是意識到自己性格上有這樣的毛病，所以才掛上這兩個字，沒想到被你看出來了。」

管理者也笑了，看到氣氛和緩不少，就順口問道：「令您印象最深的發怒帶來了什麼不良後果？」

就這樣，專家開啟了話匣子，兩個人之間的交談也輕鬆了不少，很快就像熟識的老友那樣談起了正事。

引發興趣的提問方式有很多種，其中既有案例中轉移話題的類型，也有圍繞話題側面展開的類型。無論採取哪種提問方式，都要注意以下 5 點，如圖 7-2 所示。

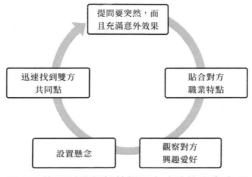

圖 7-2 使用引發興趣的提問方式時的注意事項

◆ 提問要突然，而且充滿意外效果

　　從原有的寒暄話題突然轉入對個人性格的提問，是案例中管理者成功引發興趣的關鍵。除此之外，還可以用逸聞趣事、新聞八卦、行業動態、街談巷議、名人典故、歷史傳說、美食由來等來提問，這樣就容易淡化對方對原有話題的興趣，並將興趣轉移到提問者個人身上。

◆ 貼合對方職業特點

　　企業管理者在社會交流中會接觸種種不同的人，其中大多都是各行業的菁英，但卻又有著各自的職業特點和思維模式。如果想要成功引發他們對你的興趣，就要及時在問題中突出對方這一特點。

　　當管理者初次和一位古典音樂人士在社交場合接觸時，在簡單寒暄之後，可以提出問題：「請教您，古典交響樂團通常的編制有幾種類型？」對方會感到既驚奇又有興趣，這是因為問題的答案是其職業範圍之內的，回答起來瞭如指掌。而作為企業管理者能夠問出這樣的專業問題，顯然也出乎對方意料，可以引起他們進一步溝通了解的興趣。

◆ 觀察對方興趣愛好

　　管理者應該有在短時間內了解陌生人的能力。這樣的問題並不難以解決，你可以在剛見面的短時間內觀察對方的髮型、服飾、隨身所攜帶的公事包、使用的手機、抽的香菸，或者觀看他使用的交通工具、所居住的住所、辦公室擺設

等。所有的觀察都應該在最短時間內完成，從而判斷對方可能對哪些話題感興趣，再結合這些話題，用試探性的問題激發對方的好奇心。如果發現別人對你所提的問題不為所動，就應該靈活轉移話題，直到發現對方被打動為止。

當然，如果對方已經小有名氣，管理者應該在交談之前先設法了解對方的興趣。美國前總統老羅斯福每次和重要人物談話前，都會抽出時間提前了解對方的喜好。這也讓每個人都感到老羅斯福平易近人、富有魅力。

◆ 設定懸念

麗貝卡是美國著名的企業家，她在聖路易斯州密蘇里大學為大學生做演講時，一開始就用充滿懸念的提問引發了聽眾們的興趣。

「我是一個由 7 個字母構成的單字，我破壞了友情、親情、鄰里之情、同窗之情，也是當今青少年中最大的殺手。我並非酒類，也並非古柯鹼，那會是什麼呢？」

其實，答案究竟是什麼並不重要，重要的是她用這樣的問題，從演講一開始就讓聽眾們陷入了思考，並開始對提出這種問題的人感興趣。

◆ 迅速找到雙方共同點

談話者可以透過尋找雙方共同點的形式進行有效提問，進而引發對方的好奇。這種共同點可以是事實上存在的，也可以是表面上不存在的，選擇後者時只要能自圓其說，就更

能夠讓對方給予提問者充分的興趣。

世界著名激勵大師「無腿超人」約翰・寇帝斯（John Coutis）在某大學體育館演講，用一個引發人們驚奇的提問開始了和在場所有人的交流。他說：「每個人都有殘疾，我的殘疾你們都看到了，那你們的殘疾呢？」

這個提問看似毫無邏輯，但卻有著神奇的效果，它讓在場的聽眾陷入了深思中，並找到了自己和寇帝斯之間的連繫：有些人殘疾在身體上，有些人殘疾在心理上。無疑，這樣的問題讓大家對寇帝斯更感興趣。

管理者不能憑藉自己的職位和權力讓人們對他感興趣和保持尊敬，因此需要懂得如何提問，讓自己更加受歡迎，這樣的提問技能在日常交際中是不可或缺的。

02 提供選題的提問：一步步展示自己

1982 年，約翰・史考利在百事可樂公司的事業蒸蒸日上，取得了輝煌的業績。此時，有許多獵頭公司想動員他跳槽，但他無論如何也不願離開這家企業。

好友傑尼・洛奇打來電話，他是紐約著名的獵頭人物。

洛奇：約翰，你打算換換工作嗎？

史考利：洛奇，這麼多年，你應該最了解我，百事就是我的一切，我對其他機會興趣不大。

洛奇的提問沒有說服史考利，這是因為他的提問太過平常。像史考利這樣的企業高管，幾乎每週都會面對類似的提

問，這種人際交流中常見的問題很難打動他，甚至無法引起他情緒的波動了。

洛奇：我今天會告訴你一個機會，你一定會為之心動的。

隨後，洛奇向史考利講述了賈伯斯、沃茲尼克等人建立蘋果公司的事蹟，並告訴他們蘋果公司已經為找到一個合適的管理者而忙碌了好幾個月。

最終，史考利同意和賈伯斯見面。1982 年 12 月下旬，他來到蘋果公司的總部，在簡短的會談之後，有人將他引到賈伯斯的辦公室。

賈伯斯：我是史蒂芬·賈伯斯，很高興你能來到蘋果公司。

史考利：我必須說明的是，我來這裡不是為了應徵工作的。

賈伯斯：我明白，不過能夠見到你，聽你講一些市場行銷的經驗，我就非常高興了。

在這次簡短交談之後，賈伯斯經常和史考利通電話。到 1983 年 3 月，賈伯斯再次飛到紐約，約見了史考利。

賈伯斯：你考慮得怎麼樣了？我真的很想請你過來，這樣我就能從你身上學到很多東西了。

史考利：當我看到你們所做的一切時真的很興奮，你們的確在改變世界。但是，我現在還沒有考慮好，請你再給我一點時間。

在會談快要結束時，賈伯斯又問了一個問題。

賈伯斯：史考利，你究竟想賣一輩子糖水，還是想和我一起改變這個世界？

面對這個問題，史考利感覺如夢初醒。他此時才意識到，面前的選擇並不簡單，是選擇改變世界，還是選擇在已有的成績上平庸下去？很快，他完成了決定。

後來史考利也說，賈伯斯有一種非凡的能力，面對這個問題，讓他第一次感覺到自己難以說不。

賈伯斯的「糖水之問」可謂經典，雖然史考利最終同意入職蘋果公司有著複雜原因，但這樣的提問確實也造成了很大的作用。那麼，為什麼賈伯斯要使用這種選題式的問題呢？

所謂選題式問題，是指給對方兩個或者多個選擇，這樣的問題似乎給了對方充分的選擇空間，但事實上，無論對方選擇哪一個，都會重新進入提問者的邏輯中，最終被引導進入他想要的答案。

在管理者與人相處社交時，選題式問題可以造成步步提升、逐漸展示自我的作用。尤其當對方和你關係逐漸熟悉之後，管理者只需要丟擲幾個選題式問題，往往能輕鬆引導對方認同你的論點或要求。

例如：當管理者推薦給朋友一款車，朋友正在猶豫時，如果管理者直接說「你應該買下來」，或者採取其他方式加大推薦力度，朋友有可能會覺得管理者的個性過於強勢，甚

至產生反抗心理。如果管理者以選題式問題來引導客戶，逐步展示自己的意圖，效果就會好很多。

管理者可以這樣詢問朋友：「你是打算要普通配置，還是高配置的？」「你打算過幾天領車，還是今天就開新車上路？」「你打算一次繳清還是貸款？」這樣的問題既讓朋友意識到你在為他們出謀劃策，展示了誠意，也給了對方相當的空間，不會顯得很急躁和強勢。而無論對方在選題式問題中選擇了哪一個，都等於承認了管理者意見的有效性。因此，選題式問題在提升社交關係品質方面很有效果。

在運用選題式問題的時候，管理者還可以加入潛意識控制的自我表達方式，讓對方能夠按照潛意識中對你的認識，進行符合你期待的選擇，從而進一步保證自我展示的成功率。而潛意識選題問題的淵源，則來自心理學上著名的 AB 箱實驗。

這個實驗具體如下。

實驗者首先對聽眾說：「請你想像一下，這裡有兩個箱子，A 箱和 B 箱。」同時，他用左手比劃了一個箱子的形狀，說道：「這是 A 箱。」然後又用右手比劃了另一個箱子的形狀，說道：「這是 B 箱。」最後，他放下雙手，然後說道：「現在，請大家憑直覺，立刻想像其中一個箱子。」說這句話的時候，他舉起了右手，指示著 B 箱的位置。聽眾們幾乎毫不猶豫地回答：「B 箱。」

　　大家都認為是自己的潛意識選擇了 B 箱，其實是實驗者透過動作暗示控制了他們的潛意識，指導他們做出選擇。

　　同樣，當賈伯斯在向史考利提出的最後一個問題時，也用了潛意識選題的方法。他將史考利現在的工作稱為「賣糖水」，顯然是對其擔任百事可樂管理者工作的一種貶低，但這種貶低並非惡意，而是符合史考利內心已經產生的需求。正是這個問題，打動了史考利不甘平庸、渴望挑戰的潛意識，無形中也展示了賈伯斯的個人魅力，等於告訴史考利「我才是真正懂你的那個人」。

　　在利用選題式提問方式時，管理者也可以用肢體語言的暗示來傳遞資訊。當你和生意夥伴出差，到了某商業區，有兩家酒店看起來都不錯，你們開始考慮應該進入哪一家。你的生意夥伴喜歡吃辣，於是你心裡更希望去泰式餐廳，這時你就可以問：「一家是日本料理，一家是泰國菜，你看去哪家比較好？」提問的同時可以不經意地抬手示意那家泰式餐廳的方向。而這恰恰展現了夥伴的內心潛意識，也展現了你對其口味的尊重。

　　在商業談判中，選題式提問也是相當有效的。美國商業鉅子摩根（J. P. Morgan）很喜歡將兩份合約都放在客戶面前進行說明：「這一份是能夠長期合作的合約，條件是優惠的；這一份是短期合作的合約，條件相對嚴苛。請問您選哪一種？」當他這樣說的時候，總是會看著客戶的眼睛，然後

用手指輕輕觸碰對客戶更有利的那一份合約，客戶大都會根據他的暗示進行選擇。事後，客戶也會感覺摩根非常了解他們的心意。

在使用選題式提問時，最好將最希望客戶選擇的那個結果放在後面說，也可以在說到該選項時語氣稍微強一些，語速放慢一點。這樣就能夠透過語言表達，給對方留下特殊的印象，而他們在做選擇的時候，也會因此偏向選擇這樣的理想結果。

_03_ 拉近距離的提問：贏得情感認同

管理者經常面對的談話有兩種：正式談話和非正式談話。在正式談話中，內容自然應該做到簡明扼要而條理清楚，能夠讓談話對象在較短時間內就能做到專心聆聽而引發思考，從而對管理者有十分深刻的印象。但在非正式談話中，如果一開始就切入正題，對方甚至根本沒有做好情緒上的準備，在心理和感情上都處於相對遙遠的位置，必然會對談話造成壓力，顯得難以推進。

管理者在開始絕大多數非正式談話之前，應該先做好準備，然後思考以下問題：為什麼要進行這次非正式談話？談話想要達到什麼效果？對方有哪些特點？和自己有什麼樣的情感關係？在思考完這些問題之後，你的注意力就能集中到如何拉近和對方的關係上，而不是一味想著自己的目的，更不會被對方的言行舉止所吸引，如圖 7-3 所示。

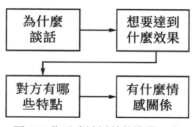

圖 7-3 非正式談話前的準備工作

　　想要拉近和聽眾的情感距離，可以一開始就採取用提問的方式與聽眾進行互動。提問的內容可以是大家關心的問題，或者說一些聽眾喜歡聽的話，也可以提出具有感染性甚至誇大其詞的問題，調動他們的情緒，使得他們或者質疑你，或者崇拜你，或者喜愛你。總之，讓他們的眼中只有你。

　　反觀那些並不成功的談話，其特點就在於開始的話題就空洞無物，無法讓聽眾意識到你的存在。

　　著名的商界狂人、美國甲骨文公司管理者賴瑞·艾利森（Larry Ellison）是這樣開始一段談話的：「我，艾利森，一個退學的學生，為什麼，我竟然能在美國最具聲望的學府中，這樣狂妄自大地發表演說？」

　　和他們想像的不同，艾利森並沒有用什麼四平八穩的話語來開始談話，而是先把自己放在很低的位置，稱自己為「退學的學生」，又將談話對象所在學校稱為「美國最具聲望的學府」。在一個問題中，他同時誇獎了對方，又壓低了自己，使得原本具有的年齡、階層和角色鴻溝在一個問題中得以消除。

隨後，艾利森自己開始回答這個問題：「我來告訴你原因。因為，我，艾利森，這個行星上第二富有的人，是個退學生，而你不是。因為比爾蓋茲，這個行星上最富有的人是個退學生，而你不是。因為保羅·艾倫，這個行星上第三富有的人，也退了學，而你不是。再來一點證據吧，因為麥可·戴爾，這個行星上第九富有的人，也是個退學生，而你不是。」

這番自問自答充滿了戲劇效果。艾利森的目的當然不是勸學生們都退學，他只是採取了先抑後揚的提問方式，既讓對方感到受誇獎，又讓對方承認差距，並願意因為這份直白而親近他、崇拜他。

艾利森的提問方式，展現了他非凡的溝通能力。他摸清了大學生們既充滿理想主義又渴望獨立、既自視甚高又在經濟上自卑的心理，提出這樣的問題，成為談話現場掌控局勢的核心人物。同樣，面對著不同的人，只有積極尋求他們心理上的特點，用提問的方式來表現對他們獨特的關心和理解，才能迅速拉近和聽眾的內心距離。

一般而言，對那些比自己年輕、社會地位比自己低、工作經驗比自己淺的人，管理者可以用關心和指導的語氣來提出問題，例如：「剛畢業，工作壓力大不大」、「在公司，和同事們關係怎麼樣」等等。如果適合，還可以主動提出指導或幫助的問題，如「要不要我和你分享一下工作經驗」、「這

個部門的工作需不需要我來告訴你」等。這樣，對方會出於感激而迅速產生好感。

相對而言，對那些資歷比自己高、成就比自己大或者權力高於自己的交談對象，管理者可以用請示、問候的語氣提出問題。例如：「經理，什麼時候有空來檢查一下我們的工作」、「教授，能對我們的產品提出修改意見嗎」等等。由於表達了尊重，也能很好地進行情感交流。

如果在公司內部，可以用「夥伴們」、「家人們」之類的稱呼，迅速拉近和下屬之間的距離，並提出問題。而如果在公司之外，可以用「朋友們」、「前輩」、「大叔」、「兄弟」等稱呼，根據場合的不同稱呼對方。

心理學研究顯示，情感認同的程度，大都在雙方接觸的前幾秒鐘就被規範。如果管理者能夠掌握好非正式談話的開端，提出足以開啟心扉的問題，相信任何人都會感受到你的誠意，並為你提供他們的寶貴認可與支持。

04 主動請教的提問：展現謙虛形象

兩千多年前，埃及的阿克圖國王為王子留下這樣的格言：「謙虛一點，它能讓你有求必得。」即使是一家企業的管理者，但這並不意味著你什麼都懂、什麼都能做到，在生活和工作中，當你遇到難題時，千萬不要忘記保持謙虛態度，及時主動請教別人。

用請教的姿態提問，潛在的含義是肯定他人的能力，同

時，也能夠很好地表達對他人的尊敬。即使對方和你存在競爭關係，只要你用請教的姿態向他提問，對方也會多少緩解原有的反抗情緒和你交流，甚至最終因此化敵為友。

約翰・雅各布・阿斯特（John Jacob Astor）是德裔美國皮毛業大亨和金融家。在 19 世紀，他是美國首富，即使到今天，他依然是美國歷史上排名第四富有的人，他的後代成為美國鼎鼎大名的阿斯特家族。這樣的人物，普通人通常很難與他接觸，然而一位出生在鄉村的普通年輕人法誇爾卻得到了他的重視。

當法誇爾最初表示自己想要拜會阿斯特時，身邊所有的人都在嘲笑他，認為這不可能。但法誇爾此後確實得到了阿斯特的幫助，還獲得了他推薦的合作夥伴，並因此建立了自己的企業，成為知名的年輕管理者。

後來，法誇爾才透露了自己最初見阿斯特時提的問題，原來，他走進阿斯特的辦公室，只問了他一句話：「我想請教您，如何才能成為像您這樣的百萬富翁？」

為什麼法誇爾選擇這樣的問題作為開場白呢？這是因為他知道，阿斯特每天見到的人、面對的請求數不勝數，而幾乎所有人都是以仰望的心態來看待他的，但他卻並不在乎這些人的實際需求。如果自己走進辦公室開口說「您能不能幫助我」，一定會被對方所忽視。與其這樣，不如搶在其他人前面，用一句真誠的請教來讓對方發現自己的不同，並願意誠心相待。

時至今日，由於網際網路的發達，管理者可以有更多的機會去向社會菁英、各界專家進行請教提問，而在行業中，也應該利用社交場合，捕捉機會，獲得能夠讓自己成長的回答。然而，如果選擇了錯誤的方式提問請教，很可能不僅無法如願，反而會有損自己的形象。

下面是一些錯誤的請教提問方式。

（在行動網路上）「你好，請問在嗎？可以請教個問題嗎？」

這個問題缺乏意義，即使對方再閒，也不可能隨時在線上。不妨直接問出問題，對方看到之後也就會有明確的回覆內容。

（講座之後）「您好，×× 專家，我想問一下如何提高企業的銷售額？」

這樣的問題會讓專家無所適從，因為影響銷售額的因素實在太多了，從公司策略目標到人力資源、產品特點、行銷通路、競爭環境、社會因素、行業因素等都很重要。相反，如果你真正珍惜請教的機會，有謙虛的心態，就應該問具體而微的問題，例如：「您好，×× 專家，我想問一下如何在蝦皮平臺上提高新店的銷售額？」

（面對政府人士）「您好，市長，我想問一下，今後我市會對外貿型銷售公司給出優惠政策嗎？」

這樣的問題回答「會」有道理，回答「不會」也說得

通。更重要的是，缺乏提問的背景，而問題本身也相對敏感，所以對方很可能含糊不清地加以回答。不如將這個問題改為「我市將在近年內重點扶持什麼領域的銷售公司」，由於已經發表的政策本身就是法定依據，對方也很容易表述。

雖然用提問請教別人並不困難，但正如愛因斯坦所說：「有時候，提出好問題比做出回答更為重要。」提問時應保持謙虛的態度，這不是表面上的功夫，而是需要管理者發自內心地承認自己在某個領域的欠缺，並真誠希望得到他人的幫助。最重要的是，請教並非直接伸手，而是在關鍵的問題上得到他人的點撥。

為此，在向他人請教之前，管理者應該先問問自己下面的問題。

▸ 我是否自己研究過這個問題？我有沒有真正思考過？

▸ 如果是別人問我這個問題，我該怎樣回答？

▸ 我的問題能夠在公司內部得到答案嗎？

▸ 我的問題能夠在網際網路上查到答案嗎？

▸ 我的問題是否足夠具體，能夠讓對方在短時間內加以解答？

▸ 對方會不會因為問題敏感而逃避回答？

▸ 我有沒有將問題描述清楚？

總之，既要學會用謙虛的姿態提問，也應該積極準備，蒐集好相關的背景數據，將自己的困難具體化，從而便於得

到他人的解答。這樣的兩全態度，才是管理者在感到困惑時向他人請教的正道。

05 給出解釋的提問：讓別人明白你的堅持

當管理者想要讓其他人理解自己時，並不能總是依靠發布命令。面對那些尚不明確局勢、並不知道內情的人來說，應該對他們加以提問，促使其思考並找到答案，或者由管理者自問自答以解釋答案。這樣，別人就能明白你為什麼堅持現在的態度。

透過提出問題了解實情，這種提問方法可以稱為例證式提問法。例證式提問法通常都是貫穿在一起的，透過一步步提出問題，再得到答案進而引出之後的問題。每一個答案都能夠證實之前的提問，這讓整個交談邏輯嚴密，能夠充分吸引交談者的注意力。如果正確使用例證法，往往能取得較好的交談效果。

很多時候事實已經放在那裡，問題其實是多餘的。但此時提出的問題，實際上是為了提醒人們重新關注事實。例如：當你詢問別人「技術發展是不是真的能夠提供很多創業機會」時，答案當然是肯定的，因為無數企業的崛起都證明了這一點。聽眾接觸這一問題時，可以迅速在內心舉出很多實例──從蒸汽機時代到網際網路時代，從愛迪生、比爾蓋茲到伊萬・斯皮格，無一不是科學技術進步所締造的神話。

了解了這一方法，管理者就能在提問中運用事例論證問

題，讓提問突破本身形式的限制，變成有力的解釋。這種解釋因為既有提問語氣，又有明顯事實佐證，因此不會讓人感覺過於突兀，而是會順理成章地讓人們自己找到答案。

在提問中運用事實進行解釋和例證，能夠讓提問變得有聲有色，但管理者也需要注意下面兩點原則。

第一，在例證式提問中應該適當選擇典型事例作為論據，證明哪些回答是正確的，哪些事實是值得強調的。這就要求你在提問之前，就已經選擇好了事例，而不是臨時尋找。此外，為了增加論證的說服力，應該選取最重要、最值得傳揚的事實來回答問題，其數量可以是一件，也可以是多件。所用的事例：如果是對方所知道的，可以不用舉出具體的人和事；如果是對方不熟悉的，就應該點明其發生的時間、地點、參與的人物和最後的結果。

第二，不要只是簡單地將問題和事實連線在一起，這樣無助於向聽眾解釋清楚你或企業的立場。管理者應該首先提出問題，如「為什麼我們能做到」、「為什麼取得了」、「如何克服了困難」等問題，其次加上事情結果和經過，最後再用充分的分析說理，將結果和經過的連繫分析清楚。這樣，你的觀點就得到了清楚的闡述，提問也就變得更容易理解、更加簡單。如果只列舉事實而不加以解釋，就會缺乏內在的可信力，即使現場提問時暫時說服了對方，實際上也無法讓人心服口服。

第08章
聆聽他人，提問題就夠了

01 適當提問，保持他說下去的欲望

在語言交流的過程中，提問和傾聽是兩個相互補充與配合的部分。兩者如果能夠配合得充分而巧妙，就能讓交流效果在短時間內提升一個層次。

在一般情況下，如果在你問出一兩個問題之後，對方開始不願意正面回答，而是刻意迴避問題時，為了解對方的真實想法，你就應該提出帶有引導性的問題，激起對方說下去的欲望，如圖 8-1 所示。

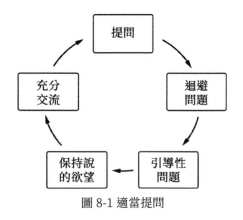

圖 8-1 適當提問

當然，如果對方在面對問題之後滔滔不絕，說出了原本你想要了解的情況，就可以適當削減原來的問題，直到話題結束之後再重新進行提問。

著名的義大利新聞記者法拉奇（Oriana Fallaci）就十分擅長進行引導式提問，尤其擅長在談話中插入現實中不可能發生的情況作為問題，引導對方繼續說下去，最終達到自己的採訪目的。雖然提問是新聞記者的職業能力，但借鑑其技巧，一樣能夠幫助管理者在社交活動中有效聽到他人的心聲。

法拉奇：李辛吉博士，假如我用手槍對準你的太陽穴，命令您在阮文紹和黎德壽兩人中選一個人和您共進晚餐，您選擇誰？

顯然，這個問題是不可能發生的情況，法拉奇之所以提出，目的在於緩解氣氛 —— 反正是假設，為什麼不回答呢？

然而，老謀深算的季辛吉並不打算說下去。

季辛吉：這個問題我不能回答你。

法拉奇：如果讓我替您回答，我想您更願意和後者共進晚餐，對嗎？

當管理者發現談話對象不想回答時，也可以用這種「讓我替您回答」的方式將談話進行下去。當然，前提是對方應該和自己的地位、角色較為平等，關係更為親密，因為管理者畢竟不是新聞記者，盲目採用類似方法有招來對方不快的風險。

季辛吉：不能，我不能……我不願意回答妳的這個問題。

法拉奇：既然您不願意回答這個問題，那您願意回答另外一個問題嗎？您喜歡黎德壽嗎？

　　表面上看，提問者已經放棄了原有話題，採用新的話題，但實際上，她詢問的內容還是之前的主題。但由於談話時間較快，對方不可能做出這麼迅速的反應，很容易感到鬆懈而開口說話。

　　果然，季辛吉中計，他開口說了喜歡，隨後又開始談論起對黎德壽的看法。

　　法拉奇：您和阮文紹關係又怎麼樣呢？您能不能做出同樣的評價？

　　季辛吉：我以前和阮文紹關係也很好，過去我們……

　　他也談論了對阮文紹的看法。

　　法拉奇（好像突然想到什麼）：對了，之前他說你們兩人相處起來並不像朋友，您想說事實不是那樣的吧？

　　這個問題是典型的引導性問題。管理者可以利用其他不在場人之口來提出某種事實，無論對方是同意還是不同意，他們都會繼續說下去。

　　季辛吉：關於這一點……雖然我們過去和現在都有自己的觀點，但也無須強求一致。所以，我和阮文紹是像盟友一樣相互看待的。

　　談話到這裡時，法拉奇的目的已經達到，於是不再提問，訪談結束了。

　　在這段談話中，法拉奇熟練地使用了不同的提問技巧，先是用虛擬情況來提問，再以第三者傳言推導作為鋪墊，不

斷在中途插入問題，最終使季辛吉對本來並不想回答的話題發表了看法，達成了溝通目的。

在管理者日常提問和傾聽的轉換過程中，除了上述方法之外，如何適當插入提問，從而保持對方繼續說下去的欲望，並達到最佳的傾聽效果呢？管理者可以根據不同的對象、不同的談話內容，採取不同的方法。

如果是員工或合作者、朋友來找你談論某件事，但話題開啟之後，又擔心你可能對此不感興趣，並流露出猶豫而為難的神情時，你可以找準機會插入提問。

「你能繼續說說剛才那件事嗎？我還想知道更多。」

「能繼續說下去嗎？」

「後來又發生了什麼？」

「你怎麼知道我對這件事情感興趣？」

諸如此類的提問，是為了表明你的內心意圖，即「我願意聽你繼續說下去，不管你表達得如何，也無論你說的內容是什麼」。插入這樣的提問就能有效消除對方的猶豫，堅定他們傾訴下去的信心，並保持原有的交流節奏。

如果對方因為你的提問而產生情緒波動，如產生煩躁、憤怒等情感時，可以插入下面的提問加以疏導。

「你是不是感到很氣憤？」

「你是不是一直為這事心煩？」

「你現在心裡還難受嗎？」

　　插入這些問題之後，對方很可能會繼續發洩一番，甚至哭泣、發怒等。管理者不需要對此感到奇怪，也不要因此就不敢提出問題，相反，這些插入的問題恰恰是為了引爆對方心中原本鬱結的情緒。而當對方有效發洩之後，又能感到輕鬆和解脫，從而以平靜的情緒重新進入到討論之中。當然，這樣提問之後，不要陷入盲目的安慰節奏中。

　　此外，如果對方在敘述過程中，表現出急切希望你能夠理解其談話內容和主旨，你可以插入問題表現你已經理解了他的話語。

　　「你的意思是說……」

　　「你的目標原來是……」

　　「所以這件事情的價值在……」

　　需要注意的是，這些問題的插入只是為了表明你已經弄清楚了對方的想法，而不是讓你對他們的話做出判斷和評價。在提問之後，不要再盲目加入「我感覺你是對的」或者「你其實不應該這樣」一類的話。只要保持問題本身的客觀性，就能及時證明你對於對方話語內容的理解程度，並有效地加深其印象，讓對方充分感受到你的誠意，並能夠隨時補充表達，糾正話題中可能已經出現的偏差。

　　無論選擇上述 3 種插入問題的哪一種，都要注意一點，即不對對方原有的回答做出判斷、評價，也不要試圖壓抑對方的情感表達，管理者需要始終處於中立性的角度上。雖然

有時候非語言傳遞的資訊可以用點頭、搖頭、伸手等表達你的感受，但在插入提問中不應該隨意流露你的感受。否則，你就很有可能超越原本鼓勵對方繼續說下去的界限，陷入盲目傾聽的失誤，使得一場原本能夠改變對方認識的談話失去應有的價值和意義。

02 表達同情，獲得情感連結

在生活中，很多人都會遭遇挫折與失敗。此時，如果身為領導者、合作者或者朋友的你能夠向對方表示同情，真誠地關心他們，就一定能夠贏得對方的情感連結，獲取他們的好感。正如著名演講家卡內基（Dale Carnegie）所說的那樣：「在你所遇到的人中，有四分之三都渴望獲得同情，給他們同情吧！他們也將會愛你。」

某物流公司的管理者和一家重要的電商客戶進行談判，在談判之前，雙方達成的初步協議是公司提供 3 天之內把貨物運到的服務。但在談判中，對方客戶代表突然表示需要加快運送速度，不然他們的業務進展就會受到阻礙，而其個人業績也將會受到影響。

管理者：這次是貴公司臨時提出的改變嗎？

客戶代表：是的，必須要在兩天之內送到。

管理者：如果你堅持這麼做，我感到很抱歉。物流受交通、氣候、人力、物力等多方面因素的影響，你要相信，我們已經提供最充分的保障了。當然，作為負責業務的管

理者，你的心情我很理解。誰不希望最好地完成自己的任務呢？誰希望讓自己的客戶失望呢？我也曾經遭遇過這樣的事情……但是，我無法向你做出能夠臨時加快速度的承諾了，否則，你們產品的安全性也無法保障。

管理者的提問入情入理，表達了自身感同身受，客戶代表聽完之後，內心感到很舒服，情緒也冷靜下來。他仔細思考了管理者的分析，認為對方的確是無法再加快速度了。同時，他也相信管理者的建議是真正為運送貨物的安全著想，於是便和管理者簽訂了合作協議。

這位管理者在對方情緒波動時及時表示同情，並獲得了對方的理解，可以說正是提問在其中發揮了重要的作用。

在透過提問向對方表示同情時，首先應該態度真誠地提問，否則就很容易變成憐憫甚至是嘲弄，而這自然使對方難以接受。其次，可以在提問中簡單提及自己也具有相似體驗的某些事件，例如：「確實很棘手吧？當初我也遇到過類似的事情，真是難過啊！」這樣的表達方法利用了心理學上的同理心技巧。但在使用同理心問題時應該注意，不能只呈現出虛假的類比來為對方減輕痛苦，而是利用類比中的真實性，讓雙方的經驗獲得充分靠近，從而確保對方願意傾吐。

如果對方只是希望透過強調自身感受拒絕做出應有的改變，那麼管理者就更應該注意處理問題的分寸。因此，應首先向對方傳遞理解的態度，其次用提問總結這種態度，最後

將同情心和建議合而為一進行表達。

有位管理者講述了自己怎樣處理某位重要下屬的私人問題。

在我的公司團隊中，有位經理主要做產品的外觀設計，他很喜歡留長髮和蓄鬍鬚，但這樣的形象並不太適合商務會談。尤其是當公司進一步擴大之後，需要有更多的人成長為管理者，而他也是其中之一。因此，無論從公司整體還是個人的前途出發，我都希望他能夠剪掉長髮。但是我並沒有直接說，因為我不想打擊他對自我個性的表達。同時，我也知道他對自己的形象引以為傲，並且花了一些業餘時間打理。

在一次成功的專案開發之後，我覺得時機成熟，就和這位員工說：「小楊，你的外形非常藝術化，也很個性化，我很欣賞。但是，你有沒有想過，如果能抓住時機改變自己的形象，或許你的生命體驗會更加不同？也許你的未來有一天會重新留起長髮，而那時候你的感覺也和現在不一樣？」

這位經理當時並沒有同意，他表示，自己從年輕時就喜歡這樣的髮型，而這髮型也沒有影響自己對產品設計團隊的領導。顯然，他非常在意這一點。我當時沒有繼續說下去，只是留下一個問題：「如果你堅持不改變，我當然沒有權利命令你這麼做，但我希望你問問自己，為什麼拒絕改變？」

第二天，出乎意料的，這位原本充滿藝術氣息的總監剪短了頭髮。公司的人都感到十分吃驚，不知道我是如何說服他的。

管理者並沒有盲目地提問，他不會用官方語氣十足的問

題，如「長頭髮這種形象和企業未來發展是否相符」等來詢問員工，而是用問題暗示對方：「我很同情你 —— 發展事業和堅持個性形象不能兩全，但人生體驗上的收穫值得你去改變。」

如果管理者希望自己的思想能被人們接受，就應該先站在對方的角度表示同情，而不是一味希望別人理解你的處境。在用提問表達同情的過程中，只有真正放下偏執，看到他人所承受的壓力、遭遇的境況，加上實際體會，才能讓問題包含情感，發揮聯繫溝通的應有作用。

03　提問具有正面性，不要引起對方反感

在談話中使用提問，其目的並不僅僅在於獲得答案中的資訊，其更大的作用在於改變對方的感受，影響對方所關注的事情。

為了推進談話的節奏，獲得對方的認可，在絕大多數社交場合，管理者有必要保持提問的肯定性和正面性。這樣可以讓對方喜歡這次談話，並願意吐露更多的未知事情。

在普通談話中，人們大都喜歡面對那些正面、積極的問題，這是因為回答類似問題可以喚醒向上、樂觀的情緒體驗，這種體驗顯然能夠讓在場的所有人都會有好心情。相反，如果貿然詢問負面問題，就會改變現場的氣氛，不利於溝通的持續進行。

某管理者參加一場慈善晚宴活動，在閒談的過程中問了慈善晚宴發起者這樣的問題：「這次的慈善活動，能夠幫助

多少個貧困家庭？」

　　這個問題吸引了很多人的目光，因為參加這次晚宴的大都是具有愛心的人，他們都希望知道自己的努力能夠為社會帶來多大程度的改善。

　　同樣，晚宴召集人也希望回答這個問題，因為這樣就能展示這次晚宴的成果，同時也證明自己的組織能力，領導能力和充沛的愛心。於是他熱情地介紹起籌款總數、籌款管道和專案推進情況。伴隨著話題的推進，有人開始提出更多的問題，整個晚宴的氣氛達到高潮。等晚宴結束之後，管理者也認識了不少新朋友。

　　相反，如果管理者不是提出這樣的問題，而是改用下面的問題：「這次慈善活動，受捐者一定都很不幸吧？」

　　周圍人肯定或多或少都會面露尷尬，而慈善晚宴的主辦者也會一時語塞。但如果他還是不願意放過這個宣傳的機會，於是開始做起回答，頻頻介紹每個受捐助的家庭如何不幸，老人的身世如何悲慘，孩子的健康怎樣遭到摧殘……那麼許多人聽完之後，表情都會很凝重。話題結束之後人群就會馬上散開，沒有人願意再和提出這個問題的管理者繼續聊天。

　　詢問容易引發他人負面情緒的問題，不僅會破壞良好的社交氛圍，還會導致別人的心情低落，影響進一步的交流 —— 理由很簡單，沒有人喜歡在自己心情低落時，繼續和他人交流。

　　因此，在許多場合中，提出問題之前不妨先自行觀察和體會你的提問角度會怎樣影響對方的心情。一定要注意判斷和區分：哪些問題對於聽話者是有正面影響的，哪些問題是有負面影響的。

　　在一般情況下，談論對方的成就、財富、名望、成功經歷、奮鬥歷程、家族榮譽、知識技能，以及環境發展中有利於對方的因素，如優惠政策、市場擴大、獎勵肯定等，都對聽話者有正面的情緒影響。圍繞這些因素提出問題，就可以激發對方繼續表達。

　　如果談論有關疾病、變動、災難、事故、醜聞、失敗、貧困、阻礙、尷尬等情況，會對聽話者帶來負面的情緒影響。因此，在談話的過程中，應該盡量避免主動提起這些問題。

　　正面話題和負面話題如圖 8-2 所示。

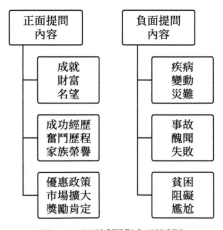

圖 8-2 正面話題與負面話題

　　當然，管理者所面對的社交場合通常較為複雜。某些話題對於其中一些人而言可能是正面的，而對另外一些人則是完全負面的：同樣是股市下跌，對於多空雙方的持有者而言就是完全不同的體驗。為此，在開始談話之前，不妨試著蒐集重要交流對象的相關資訊，並結合社交主題，預備一些能夠明顯帶動正面情緒的問題。

　　如果實在找不到恰當的正面話題，可以在提問中融入孩子、天氣、寵物、旅遊、美食、音樂、娛樂等內容。這些內容往往都能在短時間內讓人們的心情得以放鬆，也不會讓別人產生反感情緒。

　　問題的正面性不止於此，如果你提問的內容是選擇性的，而且對方能夠繼續留在談話中，那麼就應該多準備一些積極選項，避免負面選項過多導致談話終結。

　　來看下面這段談話。

　　管理者：最近你在度假吧？公司的事情想必都已經交給得力的下屬了？

　　對方：就是說啊，我忙了大半年，終於有空休息放鬆了。只是下屬們談不上得力啊，三天兩頭就要打電話、傳 email 給我，我真不懂，為什麼我不在公司，他們就什麼都做不好。

　　管理者：大概是還沒有足夠的領導和處理經驗吧，要不，建議董事會再應徵一位成熟的副管理者，或者是從企業內部選拔一個得力的副手？

　　對方：嗯，還是你說得對，要給自己找一個好幫手，等我回去就辦這些事情。對了，上次你說的那個專案，有空我們商量一下……

　　在這段對話中，管理者給了對方兩個很好的建議，雖然對方並不一定會落實，但其建議的方向是可行的，也給了對方有利的提示。出於感謝，對方也會很願意繼續交談。

　　如果管理者提問的內容是「你怎麼不把那些承擔不起重任的高管給炒魷魚了」或者「還是你自己總放不下心吧」等，那麼建議內容就是負面的，如果對方選擇這樣的行動，有可能遭遇更大的損失，因此談興大減。

　　在談話中注意正確使用問題，為談話注入正能量，這樣，談話的動力就會源源不斷，而參與者則都能樂在其中。

04　提問具有多義性，為自己留有餘地

　　在提問中，如果總是為自己的問題加上種種限制，很容易出現談話對象難以自由發揮的局面。尤其對於剛認識的朋友來說，如果管理者不能注意提問的多義性，雙方之間的談話氣氛會因此緊張而缺乏空間。與其陷入這樣尷尬的局面，不如多詢問開放式問題，讓問題變得廣泛起來，從而能夠隨意發揮。

　　所謂開放式問題，就是讓提問指向的內容更加抽象而概括，由於問題範圍很大，所以回答者也有很大的餘地來回答。

　　例如，管理者可以問剛剛來臺北不久的朋友：「你來臺

北好幾天了，對這座都市的印象怎麼樣？」這樣的問題就是開放性的，包含有多種意義，印象可以指天氣、地理，也可以指經濟、人文，無論是對方進行回答，還是自己再一次提問，都有值得拓展的空間。相反，如果你非要問：「你來臺北好幾天了，去哪裡玩了？玩了什麼？」這樣就顯得非常細微，無法引起對方進一步交談的意願。

在一般情況下，開放式問題非常適合在交談初期使用，能夠拉近雙方情感的距離，初步引發對方的興趣。開放式提問也能夠為提問者帶來意外和驚喜，因為其提問時較為平緩自然，有利於製造融洽的談話氣氛。與此相比，如果在不必要的情況下一開始就使用封閉式問題，很容易導致談話無法進行下去。

一位企業管理者對最近公司的生產業績進行分析之後，發現公司業績出現了持續下降的狀況。管理者感到很困惑，他覺得公司管理團隊近半年的工作相當努力，員工的工作熱情也不低，但業績為什麼依然下滑呢？

為了調查清楚原因，管理者決定和公司的中層管理員工、基層員工分別進行談話。管理者將市場部經理叫到辦公室，開始了以下談話。

管理者：最近半年，我們的行銷業績不是很好，是不是有重要員工辭職帶走了大客戶？

經理（莫名其妙）：沒有啊，一切都很好。

管理者：是不是管理上面出了問題？

經理（緊張）：也沒有啊，我們始終在配合公司營運方針努力工作。

結果，談話到此就陷入僵局，管理者不知道應該如何進一步了解問題產生的原因，也難以化解經理的情緒。如果一開始就採用開放式提問，如「最近市場情況怎麼樣」、「你覺得企業的行銷工作出了哪些問題」等，效果就會好得多。

在通常情況下，開放式提問能夠使用的詞語和問法，主要有下面這幾種。

◆ 「怎麼樣⋯⋯」或者「如何⋯⋯」

「你通常是怎樣解決這些問題的？」

「我們應該怎樣做，才能達到你的要求呢？」

「你覺得這件事情會如何發展，雙方才會滿意？」

「你覺得目前形勢將會怎樣變化？」

◆ 「為什麼⋯⋯」

「你為什麼感到不開心呢？」

「你為什麼這麼欣賞那家企業的產品？」

「貴公司為什麼會碰到如此麻煩的問題？」

◆ 「哪些⋯⋯」和「什麼⋯⋯」

「在同他們的合作過程中，你遇到了哪些有趣的事情？」

「對於這件產品的研發，你有沒有什麼建議？」

「你的合夥人與你有什麼不同的想法嗎？」

「自從使用了這種管理方法，你們的生產效率有什麼變化？」

多使用這些常用的疑問詞和問法，能夠擴充套件提問的多義性。無論是從事企業內部領導工作，還是平時進行社交互動，掌握開放式的提問方法，都能夠為你帶來更加遊刃有餘的交談空間。

05 聽懂弦外之音，適當引導

彼得・杜拉克是著名的商業資訊指導專家，他曾經為奇異管理者威爾許提供過多方面的專業諮詢，並幫助後者成就一番偉業。難能可貴的是，杜拉克很少採用直接提醒的方式進行指導，而是採取「問出正確的問題」的方式進行。

在為奇異公司進行諮詢時，杜拉克曾經問過以下兩個著名問題。

杜拉克曾問威爾許：「假如你今天還沒有進入目前的業務領域，你會投入更多資源爭取進入嗎？」受到這個問題的啟發，威爾許制定了公司內「數一數二」的政策，該政策要求奇異公司下屬的每項業務，必須要在其分支行業中處於數一數二的位置，否則，就要將該部門或分公司賣掉或者關閉。這項政策成為奇異集團改革的第一聲炮響。

杜拉克此後又問過威爾許另一個重要的問題：「如果你的客廳閒置了，你是否會考慮借給別人用一用？」這個問題

讓威爾許開始思考，並很快認識到和其他組織進行合作的可能性和必要性，於是奇異集團開始了「無邊界管理」實踐。

在這兩個問題中，杜拉克實際上都相當於在指導威爾許應該怎樣做。他以開拓式的提問向威爾許提出了自己的寶貴建議，而威爾許也很快領會了問題背後的含義，並付諸行動，取得了良好的效果。有趣的是，由於威爾許自己體驗到這種問題的高妙之處，他後來也開始建議下屬使用「如果……會怎樣」式的提問方式進行社交和管理。

杜拉克所採用的提問方法，可以稱為暗示式提問。這種提問方式所強調的並非是問題本身的內容，而是故意不明確表達意思，採用含蓄的語言和示意，製造某種特殊氣氛，讓人領會弦外之音，並自覺做出相對應的行為。

在管理者與人溝通的過程中，暗示式問題可以連續提出，直到對方理解，並實現目的。

一家公司的人力資源部制定了應徵方案，要求新進的銷售經理應該具有相當高的學歷。管理者請來了人力資源部經理，以下是他們之間進行的對話。

管理者：如果這次應徵未能招到合適的銷售經理，對企業會有哪些影響？

管理者的這個問題是典型的暗示式問題，暗示經理對銷售經理的應徵條件設定太高，比較難以找到合適的人選。

經理：我們希望能為公司應徵最優秀的員工。如果招不

到，我建議到時候再降低標準。

管理者：一個高學歷的人是否能夠完全勝任銷售經理的職位？

經理：那倒不一定。

管理者：如果有人缺乏高學歷，但是他手頭有重要的客戶，又有豐富的經驗，你會不會因為其學歷不夠而拒絕面試？

利用暗示式問題，管理者向人力資源部經理指出，應徵者如果有能力和經驗，即使沒有高學歷，也應該有資格成為銷售經理的候選人。

到此時，經理明白了管理者的暗示，他沒有繼續回答，而是沉默了。

管理者：你們在制定政策時，應該更加看重應徵者的銷售經驗和知識，而不是學歷，對不對？

經理：那是當然，我們雖然設定了高學歷的門檻，但也並非不能改變的。

這樣，管理者很好地改變了人力資源經理的想法，同時，這次應徵的條件也得到了有效修改。這位管理者的做法是非常明智的，他沒有獨斷專行地要求對方按照自己的意思更改，而是採用暗示性問題，一步步幫助人力資源經理充分了解人才的最根本屬性，最後使其受到啟發，完成了對應徵條件的修改。

透過隱含指示的暗示式提問，促使對方按照自己的建議

和要求思考、行動。尤其當管理者面對的交談者、交談環境或交談內容不適合做出直接指示時，暗示式提問不僅能夠讓對方自由行動、避免反抗，還能夠表現出對交談者的尊重，更容易被他們接受。

下面這些提問方式都是很好的暗示問題。

Q. 你下一步打算怎樣做呢？

當對方在行動上有所停滯的時候，用這個問題暗示他們繼續做下去，但又應該有所思考。

Q. 你同意我所說的哪一部分？

當對方表現出對於談話內容的反對時，暗示他們應該同意其中合理的一部分。

Q. 現在，你是否已經不忙了？

當對方已經有時間進行原有的計畫時，暗示他們應該將注意力轉移到日程上的行動安排。

Q. 你覺得自己是否已經達到了 ＿＿＿＿＿ 的狀態？

暗示對方應該調整好狀態，準備迎接新的工作或改變。

Q. 你有沒有和 ××× 修補關係的願望？

暗示對方應該注意和 ××× 把關係彌補好，以便開展今後的互動或合作。

從總體上來看，暗示性問題將對方應該做到的事情放在問題中，然後用「是否可以」、「能否」、「應該」、「可否」、「好不好」等提問詞提出。如果是較為複雜的情況，還可以

加上描述具體狀態的詞語，讓對方在聽到問題時眼前能夠自然而然浮現出應有的情境，繼而聯想到自己在其中扮演怎樣的角色、發揮怎樣的作用，並應該為此付出什麼樣的努力和改變。這樣，他們才會讀懂你的弦外之音。

在提問暗示性問題時，管理者應該注意不要過於明顯地暗示，即不要將自己的態度完全表露在問題中。有些管理者過於頻繁地使用暗示式問題，結果一旦問出類似問題，就會引起員工的內心波動，認為管理者又在利用這樣的問題操控自己。這樣反而形成了負面效果，使員工產生反抗心理。

_06_ 如何在提問中獲得不同的答案

一個有趣的現象是，如果管理者過早地結束提問，他們很可能錯過最正確的答案。這是因為，溝通往往是需要分步驟進行的，最開始的提問是為了營造後期提問的環境氛圍。但如果只有最初的提問，卻沒有將提問深入下去的意識和能力，管理者很可能只會聽到最膚淺、最簡單的答案，甚至連溝通對象自己也沒有意識到真正答案的所在。

為了改變這樣的現象，管理者必須具備深入提問的能力，即懂得在提問中獲得不同的答案。

下面是比較好的深入提問的方式。

◆ 更換詢問者和詢問環境

透過提問來了解真相，很多情況下就像完成碎片拼圖，

你必須要學會在不同的對象面前逐一獲得不同的碎片，最終完成整個真相的拼圖。

剛開始學習提問藝術的人通常都會犯太過專一的毛病，他們往往不知道如何轉移提問的目標，只知道死守著眼前的溝通對象。這樣做，實際上等於自己限制了提問的行為，提問的效果也會因此而大大降低。

適當就同一件事情諮詢不同的人，了解不同的情況，這樣起碼能夠獲得更立體的資訊，也能夠增加選擇的機會。

即使在問第一個人之後，你就得到了自己想要的答案，也有必要換下一個人追問。只要你大膽地嘗試這種做法，就會懂得這對於擴大溝通範圍、蒐集資訊來說是多麼重要。

當你無法得到令人滿意的答案時，也千萬不要隨便懷疑自己的問題是否正確。很可能情況恰恰相反，是因為對方的觀察角度受到了限制，無法站在應有的高度解決你的問題，也有可能是他們的個人情緒不佳，如工作上的壓力、家庭紛爭或人際關係矛盾等。

另外，每個人身分不同，經歷和處境不同，即使採用了種種提問方式，但限於知識面和理解能力，對方可能無法給予你想要的答案，又或者是他根本就不知道你想要什麼。還有可能是，雖然他想要給出肯定答案，但是由於種種客觀環境的限制，他的答案無法讓你產生信服感⋯⋯

　　正因為如此，管理者需要及時更換問話對象，進行同樣的提問。

　　松下幸之助在面對偌大的企業帝國時，經常就同一個問題詢問不同的對象。例如：他想要知道集團新產品上市之後消費者的反應，首先會諮詢企業內負責市場行銷的高管，隨後走訪基層門市傾聽業務員的看法。此外，他還會隨時聯繫集團的銷售商，做產品銷售情況的調查。有時候，他還會親自回訪消費者的家庭，看看不同家庭成員是如何評價新產品的。

　　管理者不要忽略提問的多方向性，無論想要知道的答案是否和工作有關，都應該以認真和周全的態度，向不同人尋求不同答案。

◆ 建立有深度的提問主題

　　提問難以獲得有深度的答案，很有可能在於提問者從一開始就沒有建立有足夠深度的主題。主題能夠確保提問的針對性和方向性，如果主題本身是膚淺的，相關的交流、最終的答案都會流於膚淺。

　　很多人在準備透過提問獲取資訊時，都會對主題稍加注意。但由於管理者工作繁忙，在設立和表達主題時，有可能顯得有些隨意。和對方一開始交談就明確表達主題，隨後不做深入，任由對方自行理解和談論，這樣的提問方式乍看似乎相當開放和自由，但其實並不利於獲得不同的答案。

在提問中固然要有不變的主題，但也不能只依賴於某種表達，應該做不同方向的引導，圍繞主要問題，引出若干個小問題，才能讓討論變得更加透澈。

管理者在確立談話主題之後，要隨著談話進度的發展努力將主題轉化成為不同的小問題。例如：背景的問題、人物的問題、客觀事物的問題、主觀態度的問題、資源的問題、方法的問題、理解的問題、合作的問題、溝通的問題、決策的問題、執行的問題等等，這是一個良好的提問者必須做到的。反之，如果主題過於廣泛和抽象，就不太可能得到多面性、綜合性的答案。

某管理者在社交場合上遇到了一位金融專家，想要透過提問了解銀行和基金會的資金會如何普遍影響企業發展。在提問中，他設計了一個主要問題：「經濟實力是企業發展的支撐，但企業應怎樣壯大自己最初的經濟實力呢？」

如果直接將這樣的問題扔給對方，就會因為過於宏大、抽象而只能獲得寥寥數語的應付回答，即使反覆多次提及，得到的答案也是一樣的。

但這位管理者不同，他懂得如何設計更加具體的細節問題。

管理者：我了解到你所在的基金會和某個企業一起合作，完成了信貸資金獲取方面的企業培訓，能否請教這個專案的來歷？

　　在對方回答該問題時，管理者從側面了解他對問題主題的基本態度，並追問細節。

　　管理者：誰是這個專案的首創者？

　　對方：其實是當地政府發起的。

　　管理者：那麼，當地政府在企業獲得信貸資金的扮演著重要角色了？

　　對方：那是當然了。其實，我前面告訴你的只是對外宣傳的部分，這次專案之所以成功完成，還有下面這些背景因素……

　　由於改換了問題的提出角度，對方情不自禁地將深層次的內容告訴了管理者。這些內容和之前的答案，是角度完全不同的看待問題的解答。

　　從這個例子中可以看出，圍繞已經設定的主題連續提出細節和具體的問題是非常必要的。這樣既能夠讓被問者有充足的材料來應答，也能夠透過拼湊不同細節的答案挖掘更有深度的整體答案。尤其當管理者想要特別深入地了解某個概念、某個事件、某個人物或者觀點時，就更不應該在一場談話中設立太多的主題，而應針對某個主題深挖。在深挖的過程中或許無法了解其他主要問題，但會讓你在這個問題的深度上受益匪淺。

◆ 懂得推理式提問

想透過提問激發對方的思辨能力，尋求不同的答案，就要懂得進行有效的推理式提問。其中，三段論提問法是非常高明的一種方式。

所謂三段論，是指由兩個前提和一個結論所組成的提問推理過程。其中，最前面的前提被稱為大前提，第二個前提被稱為小前提。一般來說，大前提表示的是一般性情況，如公理、原理、定律等，小前提則是指個別對象。如果能夠確定大前提，就能斷定某一類對象具有或者不具有某種屬性，而小前提中的每個對象也必然具有某種或不具有某種屬性了。

使用三段論提問法時，可以先以一般性原理作為提問的依據，然後提問個別事物。這樣就能轉化對方原有的固執看法，得到他們不同的答案。

舉個最簡單的例子，如果管理者希望團隊夥伴先放下工作去吃飯，可以選擇直接問：「要不要先去吃飯再來加班？」而對方有可能礙於面子，或者堅持工作，忽視了身體健康，回答：「不用，等一下再吃。」這樣一來，管理者就無法表現出領導者應有的關心，也難以調控整個團隊的作息時間。

想要聽到對方給出不同的答案，可以採用三段論式提問方法。

你可以問他：「凡是人都要吃飯才能有精力工作，對不對？」

對方無法否定這樣的事實，只會說：「是的。」

你可以再問：「你是人，對不對？」

對方還是必須承認，只能說：「是的。」

於是你就可以問：「所以，你應該先去吃飯再來工作，對不對？」

透過這樣的提問，管理者就能夠很好地讓對方說出不同的答案：「我應該先去吃飯。」這說明，採取三段論的提問方法能夠讓你的提問充滿說服力，讓其他人聽從你的合理建議。

值得注意的是，在三段論提問法中，大前提的設定是非常重要的，如果沒有大前提，就無法進行有效的提問和推理。

_07_　在對方的感悟中發現自己

如果不明白提問和聆聽的重要性，不妨想一想在職場或社交場合上，如果人們陷入爭論的境地，會有多麼尷尬。其實，這樣的局面是完全能夠避免的。只要學會在聆聽對方的回答時，發現他們是怎樣看待自己的，提問者就懂得站在對方的角度考慮。

人們之所以難以站在對方的角度思考，是因為人和人之間的差異性很大，難免有意見不一致的時候。如果無法讀懂對方的答案，也就難以理解對方；沒有理解，也就談不上形成共識，並走向合作。

　　舉個很簡單的例子，一些管理者在見到商界同仁時，習慣性地遞上名片，然後說：「您好，我是 ××× 公司的管理者 ×××，我們公司最近有一項新專案，您看是不是可以這樣展開合作……」然而，你並不了解對方是如何看待你的，怎麼知道對方是否願意聽你接下來的介紹？在這種情況下，很難使提問和溝通取得良好效果。

　　提問高手往往並不這樣進行談話，在上述情況下，他們會首先嘗試提問：「您好，我是 ××× 公司的管理者 ×××。我們曾經和 ×××、××× 等企業合作過，有若干成功的專案。不知道您能不能對這些專案給予批評指教？」

　　由於態度誠懇，而且有核心的問題，對方即使掌握情況不同，也會順水推舟地說上幾句。其回答可能是讚揚，也可能是普通的客氣，從這些回答中，管理者就能夠進一步了解情況，判斷對方對自己有什麼樣的基本認知和態度。

　　隨後，提問者可以再提出新的問題，例如：「您是哪個學校畢業的」、「您之前在哪些地方工作過」等等。看看對方是怎麼評價他們自己的，再參考他們對提問者的綜合評價和態度，就能得到大致的印象。有了這樣的印象之後，交流和溝通也就不至於盲目。

　　在解讀他人的回答時，經常發生的情況是，因為主客觀環境的限制，對方容易對某些關鍵性問題不予置評，或者不願意了解提問者的個人情況，而是想方設法逃避話題，想要

將問題繞到其他方向去。在這種情況下，性急的管理者有可能因為擔心自己的溝通無法迅速達成，而想方設法把話題拉回來。其實，不如聽懂他們在刻意逃避什麼，從而了解他們如何看待自己。

在交談中，對方想要轉移話題的情況大致有以下 3 種。

第　種是故意轉移有關提問者個人的話題。例如：說到提問者的工作、事業、財富、名望等方面時，只是簡單地做出「嗯嗯」、「是啊」等回答，這是有目的性地希望忽略提問者的成就。遇到這種情況，管理者應該重新檢查自己和對方的人際關係狀況，以便在之後的溝通中及時改善。

第二種是由於粗心大意，沒有認真聽提問者的問題，結果做出的回答牛頭不對馬嘴。在這種情況下，管理者不如直接詢問對方是否有什麼正在忙的事情，或者提出由自己來為對方解決困難，這樣對方就會重新重視你的存在。

第三種是由於對方聽到你的問題之後，腦海中突然想到某個新的話題，於是在回答中說出來了。這樣的回應其實是正面的，但如果解讀不當，反而會被管理者誤認為是在逃避話題，甚至是對自己的不尊重。

對於這種情況，管理者應該耐心等待對方回到主題上。如果他始終不將新的話題拉回到你的身上，就可以認為他是在故意轉移話題，或者逃避承認你的價值。此時，管理者應該繼續思考，對方為什麼會否認我的存在，然後再在談話中

迂迴獲得對方真正的看法。

在不斷進行的提問和回答中，如果你的某個問題突然引發了對方滔滔不絕的談論和回答，那麼就要注意，這樣的回答或者是由於問到了點上，或者是對方為了表達某種不便直言的觀點。

來看下面這個例子。

管理者：最近公司的高管團隊獲得了年度分紅獎勵，應該說，公司董事會還是很認可我們的。你們說是不是？

朋友：是嗎？說到年度分紅獎勵，我倒是聽見不少傳聞。據說，你們公司的不少員工都在網路上討論這件事呢！我是從×××轉發給我的網址那裡看到這些文章的，別說，這些職場論壇辦得還真有意思，他們把本地所有企業歸在不同的行業板塊裡面，員工們一討論起來，真是非常熱鬧……

管理者一個不那麼重要個問題，卻引發了朋友的大段議論，如果管理者足夠敏感，就應該聽懂，其實他並不是在談論薪水問題，而是在暗示管理者應該注意聆聽員工的心聲。更進一步看，從對方這樣的反應中，管理者應該能看到需要改進的管理方法和領導思維。

總體來說，當一個人在問答中突然打破原來的常規節奏，他一定是想要藉助這樣的表現來傳遞對提問者的態度，迴避自己的立場。準確地嗅出其中的蛛絲馬跡，並加以應對，管理者才能在溝通中看清自己。

第09章
對話溝通，探知彼此最真實的想法

01 單刀直入，探知最深層需求

通常而言，管理者從事的策略性管理工作層面、接觸的企業中層管理對象，以及需要營造的個人形象，都決定了他們需要良好、緩和的溝通氛圍。正因如此，許多企業管理者在和一般下屬進行交流之前，都會進行一些鋪墊，簡單寒暄幾句，或者聊聊與工作無關的事情，或者談談天氣和家人。但是，在管理者面對的諸多溝通場景中，並非都需要寒暄或做出鋪墊。在必要的時候，你同樣也應該進行單刀直入式的發問，簡潔高效地開啟交流之門，從而深入了解對方最根本的需求。

管理者居於企業最高領導者之位，面對的無疑都是能力最強和經驗最豐富的中高層管理者，加上管理架構的延伸、溝通對象特點的多元化，溝通所圍繞的利益矛盾也很可能較為複雜，因此很容易遇到某些有意掩藏內心想法的下屬。他們或許表現得謙順恭敬，或許表現得性格倨傲，但都無法透過話題鋪墊、情感溝通真正了解。相反，面對這些對象，如果盲目採用讚美、寒暄、問候等聊天技巧，非但無法讓話題深入下去，反而有可能成為下屬轉移話題、迴避矛盾從而「瞞天過海」的有利條件。如此一來，就會造成管理者在溝通中的被動，與其如此，不如開門見山、直奔主題。

另外，有些下屬雖然並沒有掩藏內心真實想法的意圖，但由於眼界所限、時間精力缺乏等，他們並不能完全意識到自己所處的位置，也就難以全面觀察到問題的本質。在這種情況下，管理者也需要以當頭棒喝的姿態，用最直白的方式喚起其注意力，並確保之後的溝通能在有利的基礎上進行。

美國國際鋼鐵公司管理者威耶，一直因善於和下屬進行溝通而聞名。當發生經濟危機時，不少企業選擇倒閉，而更多的企業為了免遭破產，就採用降薪裁員的方式來降低成本。當國際鋼鐵公司決定採用同樣的方法時，威耶採用了單刀直入的方式來和下屬溝通。

威耶將會議場地設在廠房中，他看著員工，掃視每個人的臉，然後確定了自己要說的第一句話。下面就是當天的對話實錄。

管理者：今天我要給各位帶來一個壞消息，公司將要減少各位的薪水，而且比任何同行企業減得都要多！

管理者（沒等員工們反應過來，以強而有力的語氣提問）：你們現在聽到這個壞消息，內心肯定既懷疑又氣憤。你們希望知道為什麼？為什麼我們要減這麼多薪水？

管理者（繼續說道）：我很坦白地告訴大家，這不是任何個人的過失，而是市場局勢演變的結果，不是人力所能抗衡的。只有大家清楚這一點，我的解釋才有意義。

管理者（稍等兩分鐘，等下屬安靜）：接下來我將解釋為

什麼我們比其他企業減得多。原因有兩個：首先，為各位的工作著想；其次，為各位的家庭著想。如果我們和其他企業採取同樣的降薪標準，不到一年以後，公司就會停工倒閉，選擇破產。大家想想看，在這樣的經濟形勢下，各位重新就業不容易，家庭生活也會馬上面臨問題。與此相反，如果按現在的標準減薪，我可以保證，我們一定能平安度過這段時期。各位的生活品質會有所下降，但是不用擔心失業了。也許你們會問，難道那些減薪少的企業就會倒閉？對不起，我不想做出預測，但你們應該知道，在我擔任管理者期間，我的分析統計並沒有失誤過。最後，希望大家不要貪圖眼前的薪水，要從長遠看，大家堅守在一起，共渡難關。謝謝！

其實，管理者可以選擇自己不宣布，而是讓人力資源部和行政部去執行決定；也可以選擇先說一番漂亮話，再簡單地宣布降薪。但威耶的方法是採取單刀直入式樣的提問，簡單有效地揭示了員工的內心想法，表達了自己的理解和認同，再闡述了企業管理者的觀點。正是透過這種直截了當的詢問和溝通方法，威耶取得了員工的理解和支持。最終，國際鋼鐵公司順利實行降薪，並維持了員工整體的穩定，在經濟危機結束之後，該公司很快走上新的高速發展軌道。

採用單刀直入式的提問溝通方式，在面對特殊話題或特殊下屬的時候尤其能產生高效的作用。這種溝通戰術不給對方心理動搖或者準備的時間，而是將消息用開門見山的方法

表達出來，從而傳遞出管理者在觀察上的全面、在信念上的堅定和在位置上的不可動搖。例如：管理者可以直接以「你是不是想要」的問題，指出對方想要做而未能做的事情；也可以用「這個問題你是不是無法理解」的問題，指出對方的內心困擾；或者用「你是不是覺得這樣會影響你的利益」等，來幫助對方意識到其對自身利益的過分關注等。無論如何，提問時管理者的態度應該是堅定的，語速稍快而不可動搖，才能顯得自己胸有成竹而客觀直接。

一般情況下，這種單刀直入式的發問對被發問者而言不好回答。正因為如此，下屬在意料之外往往會產生動搖，從原先固執而狹隘的立場中走出來，為部門或企業整體利益考慮。另外，由於管理者的提問說出了其內心願望和想法，他們很容易產生共鳴，並因此吐露心聲。藉助這個機會，管理者能夠輕而易舉地了解其真正想法，原先的逃避或者偽裝也就不復存在了。

想要單刀直入地進行提問來開啟溝通，管理者需要事先就做好充分的準備。在開始溝通之前，應該對下屬的想法、現實環境的影響、矛盾的原因和表現、利益衝突的格局等進行充分分析，並將之凝聚成為一兩句讓對方無法躲閃和迴避的問題。當問題被丟擲之後，還應在對方未能及時做出回答或虛與委蛇時，繼續深入挖掘問題的實質，最後達成管理者想要實現的溝通目的。

02 刺激性提問，打亂對方預設的情景

你永遠無法喚醒一個裝睡的人。無論是在企業內部還是在社交場合，總會有人帶著預設好的話語，試圖將溝通帶到他們想要的過程和結果中。對此，管理者必須要做好充分準備，能夠根據對方的表現，適當採用刺激性提問，打破他們準備好的臺詞，「逼迫」他們進入自己的角色中。

某電商平臺創業初期，老闆小劉經常要面對那些經驗豐富的供貨商與合作商代表。在一次談判中，小劉拿到了對方提供的資料，又聽完了對方滔滔不絕的介紹，但還是覺得產品有些問題。於是在沉默半晌之後，他突然鄭重其事地合上資料，然後盯著對方問道：「關於這批產品，還有沒有什麼需要告訴我的？如果現在不溝通明白，以後的責任可能要你們單方負責。」

由於問題提得突然，對方完全沒有想到，表情中閃過一絲緊張。以此為突破口，小劉發現了產品中的問題，阻止了其在該電商平臺上的上架。

適當地提出刺激性問題，能夠幫助管理者發現一些被忽略的事實。為此，在進行語言刺激的同時，還有必要積極觀察溝通對象多方面的反應。其中包括下面幾方面，如圖 9-1 所示。

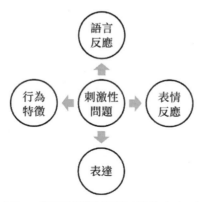

圖 9-1 運用刺激性問題時的注意事項

◆ 語言反應

在面對刺激性問題時，對方是正常回答，還是吞吞吐吐，抑或憤怒反駁？其實，單看他們的語言表現，並不能完全說明其內心變化，管理者有必要根據提出的問題預測對方的回應，而如果實際表現和預測回應不符，則可以判斷對方的確預先準備了想要引導你進入的情境。

例如：在談判中，突然詢問對方是否私下在和第三方接觸，經過分析預判，管理者認定這樣的問題會引起對方的憤怒，然而對方卻心平氣和地否認。此時，可以認為對方在有準備、有意識地「演戲」。

◆ 表情反應

如果突然被問題刺激到，談話對象很有可能在短時間內發生表情的細微變化。管理者可以抓住這個機會，觀察他們的有怎樣反應。

例如：在聽到問題時眼珠迅速轉動，很可能是被戳穿了原有的謊言，對方需要迅速設計新的應答語言，以求保持原有的談話情境。相反，如果聽到刺激問題時，流露出的微表情並沒有特別反常之處，則對方可能並沒有說謊。

◆ 行為特徵

例如：在提出刺激性問題，對方做完回應之後，回答節奏依然保持原有的特徵，與之前並沒有太大的差別，對方則很可能沒有預設情境。反之，如果在被問題刺激之後，對方給出的回答和之前的表述相比長度變短、細節變少，或者回應的頻率明顯減少，則要注意對方有可能在說謊。另外，在提出問題進行刺激的過程中，說謊的人往往會在邊聽或邊回答時做出一些小動作，如摸鼻子、玩筆等，這是由於面對突如其來的問題刺激，他們的內心感到不安，從而透過這些適應性動作緩解壓力。

如果想要提出刺激性問題，管理者應該選擇在交談過程的中間時段，這樣便於等待對方放鬆戒備之後突然襲擊，也適合觀察比較對方在刺激性問題前後的表現。

另外，在使用刺激性提問時，最好能夠先問一般性問題，然後提出能夠獲得更多細節的開放性問題。當對方開始回答刺激性問題時，不要打斷他們的任何發言，讓他們隨意表現和發揮，可以在其出現漏洞時補充提問，迫使他們出現慌亂，最終「投降」。

　　管理者必須知道，不要輕易使用刺激性問題。此類問題雖然能夠讓你輕鬆發現那些早有準備的說謊者，但也有可能造成誤會，使得你在談話中自以為掌握了主動權。從某種角度來看，刺激性問題是一種影響力很大的工具，掌控好這樣的工具，限制其負面影響，就能打破他人表面的偽裝，走出預先設定的情境，挖掘出他們內心真實的一面。

03 追根溯源，讓對方無意間表露核心需求

　　每個人都有自己的核心需求，不管人生處於何種階段，他們的核心需求始終在左右著其行動。然而，很少有人能夠獲得機會去分享他人的夢想與渴望，之所以如此，主要原因在於他們不會提問。

　　其實，許多人都有向別人表達自我主要需求的衝動，對著比較熟悉的朋友或合作夥伴中更是如此。如果管理者能夠掌握這樣的人性特點，就可以利用了解和分享他人核心需求的機會，讓相處的關係得到進一步發展。

　　1978 年，孫正義還在加州大學柏克萊分校讀書，但他那時已經構思出了世界上第一臺語音電子翻譯機。這臺機器由電子字典、液晶螢幕和語音合成器組成，構思相當可行。

　　然而，如果孫正義以一位學生的能力來製作試驗機的話，無論是時間還是金錢都難以確保。此時不滿 20 歲的孫正義找到了本校教授莫澤爾博士，這位博士當時已經是語音合成領域的世界級權威。可以想像，如果要說服這樣一位重量

級人物參與專案試驗中，在一開始就要能夠征服對方的心，這肯定不會是那麼容易的。

孫正義如同研究重大專案那樣，思考著應該如何和莫澤爾交談，他不想失去這樣的機會。最後，孫正義決定先問一個能夠走進對方內心的問題，而這個問題相當簡單而直接。

在莫澤爾教授的辦公室，孫正義簡單地介紹了自己的專業和求學經歷，在引起對方初步的關注之後，他提出了自己的問題。

孫正義：教授先生，我想問你一些問題，可以嗎？

莫澤爾：當然可以。

孫正義：你已經是世界上最優秀大學內的學術專家；在語音合成領域，你的研究能力被整個行業認可；你的學生桃李遍天下。那麼，現在你感覺自己還缺乏怎樣的成就呢？你有沒有還想要為之奮鬥的事情和夢想？

莫澤爾先生愣住了，他沒想到這個不到 20 歲的年輕人問出這樣的問題，思考了幾秒鐘才回答。

莫澤爾：這些年我和許多教授、學生、專家、學者和企業家、政治家打過交道。但是我要說，他們都沒有問過你這樣的問題。所以我必須對你說真話 —— 我希望能夠將自己的智慧變成財富。

孫正義：太好了，教授，我這裡就有這樣一個產品……

談話結束後，孫正義得到了莫澤爾的大力支持。此後，他

憑藉這個產品挖到了人生第一桶金，並在日後成立了大名鼎鼎的軟銀公司，成為美國雅虎、中國阿里巴巴等企業的股東。

或許有人會認為，孫正義是好運的，他的一個簡單問題就觸及了對方心靈深處。其實，這樣的好運並非是毫無準備的。

當管理者和別人打交道時，首先要能夠做到理解對方、為對方考慮、重視對方的利益。滿腦子只有自己利益的人，即使問出類似的問題，也無法表現出應有的真誠，更談不上打動他人。

其次，管理者在向他人提問以便追根溯源時，要注意先描述對方現有的處境，再從目前的處境出發，引導他們自然而然地說出「我想要什麼」，使之表達內心的真實需求。

例如，假設對方事業成功、家庭幸福、身體健康，一切在他人眼中看來都是完美無缺的，管理者可以這樣問：「大家都覺得，作為一個成功人士，你該有的都有了。那麼，你繼續奮鬥是為什麼呢？」

反之，如果對方事業不見起色，家庭和健康方面表現也不佳，管理者可以問：「你這幾年好像運氣不太好，你打算獲得什麼樣的成果來改變境況呢？」

採用現狀引入問題的優勢在於，由表及內、由淺入深的探討態度能夠使對方跟隨你話語描述的節奏，展開對內心深處願望的回顧和體驗。這樣，當他們有感而發時，就會將願望表現在對你的回答中。因此，在描述對方現狀時，可以採用下面兩種類型的問題。

◆ 描述現有成就，表示讚美

管理者可以列舉對方已經獲得的一切榮譽、財富或者地位，強調這些展現了他的能力和機遇，並暗示這些是他現在可以利用的資源。隨後，再話鋒一轉提問他還想要什麼。言外之意就是提示對方尋找自身缺乏的需求，為拉近雙方關係、滿足對方需求進行鋪墊。

◆ 同情目前情況，表示支持

人的一生不可能總是順利的，管理者也不應該只是和那些發展順利的人士交流。當對方處於不利地位時，你可以用客觀的語言描述其目前的劣勢和優勢，也可以用提供幫助的語氣，尋求他們內心深處想要的支持。這樣，就可以找到路徑去啟發引導他們，也能夠為他們真正貢獻出你的力量。

當管理者不知道如何與朋友拉近關係時，可以嘗試在談話中用這樣的問題開場：「你有什麼打算？你有什麼想法？」對方很有可能因此向你吐露心聲，和你走向更加親密的境界。

04 分享式提問，製造更多溝通話題

想要或明或暗地主導溝通的程序，並在交談中占據主導地位，管理者不能只依靠個人的名望和地位，還要學會用分享式提問，引出更多溝通話題，製造不斷深入的談話機會。如果分享式提問用得好，無論提出怎樣的問題，對方都會根據相關話題做出回饋。

　　其實，幾乎所有人都曾經不自覺地使用過分享式問題，以便開始溝通的程序。人們見面常問「今天是不是很熱」、「你看了昨晚那場球賽嗎」等問題，都是將自己的經歷和感受與對方分享，並期待對方回饋。

　　當然，如果分享錯誤的話題，如：「你今天的衣服搭配哪裡不對？讓人感覺不怎麼樣」或者「昨天老闆責備你了？發生什麼事？」那麼對方的回饋也會是相當消極的。

　　在深入談話溝通的過程中，為了達到良好的效果，管理者應該學會恰當地使用分享式提問，尤其是和社交場合中比較陌生的溝通對象聊天時，製造話題的能力相當程度上決定著你從他那裡可以得到多少資訊。

　　管理者可以在平時準備足夠深入的分享問題，而不是在和陌生人接觸時，只會用習慣性的試探提問來打招呼。例如：「你今天是自己開車過來的嗎？」這的確是個邀請分享的提問，但很多情況下並不是最好的提問方式。因為在多數情況下，對方只會告訴你「是」和「不是」，而如果管理者沒有做好準備，接下來的氣氛就會變得尷尬起來。

　　為了避免這樣的情況，管理者需要提前做好準備。在會見重要人物之前，應將問題準備好，避免交談突然中斷。在接觸之初，可以不斷運用主動分享和邀請分享的方式，用提問的方式和對方進行溝通。

　　某位管理者在公司年會上，見到了已經退休的老員工，

這位員工終其一生都為公司奉獻，並創造了大量業績。為了營造良好的溝通氣氛，打造個人形象，管理者需要做的不是對他噓寒問暖，而是主動提出專屬問題：「× 先生，我早就聽說您是公司的傳奇。我想知道，您當初是如何追隨公司創始人一同工作的？您拿下了哪些重要訂單？都是從哪些企業手上拿下的？」

這樣的問題，可以看作邀請對方與你分享他的成功經驗、光輝歷史，自然可以開啟更多話題。

與此相對，如果管理者是溝通中的主要一方，面對著有所期待的對象，則可以用主動分享的提問進行溝通。

例如，管理者可以主動向來企業參觀學習庫房管理的來賓提問：「目前我們的庫房雖然不大，但是利用了諸多先進技術進行管理。不如我來向大家分別介紹下運用了哪些技術？」

由於來賓本身是前來學習庫房管理的，自然對這些技術感興趣，因此提出這樣的問題，肯定能夠得到他們的積極回覆。反之，如果管理者對來訪賓客說：「不如我替你們介紹敝廠人力資源管理的模式吧！」那麼，對方即使礙於面子同意，也會興趣索然，最終使得溝通遇到阻礙。

除了和陌生人分享之外，和已經熟悉的朋友進行分享式提問也能夠讓雙方情感更加緊固。分享式問題，總體上可以分為下面兩類。

◆ 請對方告訴你資訊

可以用下面這些提問方式表達邀請。

▸ 怎樣取得成績的？

▸ 從哪裡得到優質物品的？

▸ 有什麼好經驗？

▸ 什麼時候學會的技能？

▸ 是否有美好的回憶？

▸ 有什麼有趣味的事情？

▸ 目前有什麼好機會能夠投資？

只要是能夠讓對方願意吐露心聲，又能使提問者受益的問題，就都可以提出，從而進行邀請。對方會從分享開始，變得更加願意配合，從而讓雙方在不斷的話題延伸中找到共同點。

◆ 主動告訴對方資訊

如果從對方身上暫時無法找到能夠邀請分享的因素，你也可以主動提出問題。

▸ 最近我聽說了一件有趣的新聞，你想知道嗎？

▸ 我剛買了件新東西，你來看看嗎？

▸ 知道我最近在忙什麼嗎？

▸ 上次出差，猜猜我碰見了誰？

▸ 最近公司收到一件大訂單，聽我聊聊嗎？

▶ 下個月我有件喜事，想不想過來和我一起慶祝？

這樣的問題適合用在彼此關係較為親密的朋友身上，可以展現出你對其意見的重視，也能使其感受到相互之間積極分享的情感因素。這樣，溝通的話題自然能進一步增多。

05　溝通離題時以提問從頭再來

在一般情況下，在工作場合進行的正式談話，主題是鮮明突出的，雙方都能始終圍繞同一方向進行交流。但在社交場合進行的非正式談話中，話題很可能是靈活而即興的，這就可能出現溝通離題。

如果是完全放鬆之下親密無間的私人談話，當然可以隨性而談。但管理者的工作性質和交際範圍決定了這種談話實在太少，絕大多數談話都是有目的性的。一旦出現離題，不僅浪費時間精力，事後也會讓對方懷疑管理者掌控談話方向的能力。因此，當溝通出現問題時，需要用重新提問的方法將話題拉回來。

當話題變得不受控制時，通常都是因為談話對象比較興奮，而話題本身又比較開放，這樣，對方就有了任意發揮的機會。出現這種情況時，管理者要做的不是馬上打壓對方的思維和話語，更不能立刻插話以表達自己的意圖，而是應該做到仔細聆聽、認真詢問，即使表面上不感興趣，也應該表現出樂在其中的樣子。從人際關係的維護上來看，這樣的姿

態明顯尊重對方；而從溝通的本身來看，有可能抓住對方話題語中有趣的一面，發展出更有價值的話題來。

如果碰到較為少見的情況，即談話對象自己非常樂意表達某個話題，但其實質缺乏意義和價值時，管理者也同樣應該花費心力，仔細聆聽其中每個字，尋找談話中和原有主題相關的字眼。只要能夠付出足夠的耐心和精力，就一定可以找到相關的線索。

在一次企業家舉行的聚會中，主題是當地城市還有哪些值得開發的商業區域，隨著新的談話者加入，話題延伸到了當地企業家小時候居住過的老社區，很快，又有談話者回憶起自己小時候的鄰居。

來賓：我小時候玩伴的父親曾開過一家武術學校，就在老社區旁邊，他臂力驚人，表演起來非常帥氣。後來我聽說，他原本是特種部隊出身，在當地還很有名氣。

舉行該聚會的管理者原本想請大家多談談對都市發展和建設的看法，但這位新加入的企業家還是在談著鄰居和父親，隨後又談到那家武術學校後來的發展。於是，管理者一邊隨聲附和，一邊尋找可以插入問題從頭開始的機會。

來賓：可惜啊，雖然這位鄰居大叔身手不凡，武術學校發展得也不錯，但終究是沒有做大。後來正好趕上都更拆遷，武術學校被迫關閉遷址。可是，由於失去了原來那種老社區悠閒的氛圍，最終他的學校還是倒閉了。當然，他的晚

年生活還是不錯的……

管理者抓住機會：那麼，拆遷大概是什麼時候的事情？

來賓：好像就是 1990 年代初期吧。

管理者：是啊，都市計畫的初步藍圖大概就是那時候制定的吧。是不是最早的商業區和 CBD（中心商業區）也是那時候興起的？

有人插話：沒錯。的確是在那時候。

就這樣，原本滔滔不絕、離題萬里的談話，又被牽引回主題。

當談話離題的時候，不要輕易認為談話已經失去了繼續的價值。管理者應該堅持認真聽下去，從看似無用的話語中找到可以提問的亮點，再提出能夠扭轉局勢的問題。

除了這種抓住細節提問的方法。管理者還可以採取表面贊同而實際反對的方法來讓話題回歸。

當談話主題原本應反對某事項，結果被談話者的贊同態度引發離題之後，管理者可以先表示贊同。這樣，對方感覺自己的立場得到鞏固，就能夠心甘情願地反過來回答你的問題，並讓談話回到正軌。

例如，談話主題原本是在批評一項新政策，但對方突然指出這項新政策確實為很多企業減少了負擔，並開始不斷列舉自己的所見所聞作為證明。此時，管理者可以先表示理解和認同，穩定對方的立場和情緒，然後提問：「但是，你覺

得這些企業能夠代表整個行業的發展方向和利益價值嗎？」這樣，對方就能心平氣和地看待原有的論點，而討論也可以得到繼續了。

　　總之，當溝通離題時，管理者首先要穩住自己的情緒，其次穩住對方的情緒。這樣，就能夠找到好機會，一舉用提問使得談話繼續正常進行。

第三篇
企業家「後院」管理篇

第10章
你擅長向自己提問嗎

01 你的成就來源於什麼

最了解自己為什麼成功的人，莫過於他本人，可以說，每個管理者都能成為研究自己的專家。透過對自己的提問，管理者能夠不斷地自我觀察和反省，找出自身最大的特質。

下面是管理者應該努力問自己的領域。

◆ **自我感知問題**

即對自我的認知和感知。

▸ 我有什麼才能？

▸ 對我而言，最有意義的事情是什麼？我什麼時候、在哪裡找到了人生目標？

▸ 孩提時，我希望自己成為怎樣的人？怎樣的人生目標最能吸引我？

◆ **人生角色問題**

回顧自己在迄今為止的人生中扮演的成功或失敗的角色，更好地了解自我。

▸ 我在生活中擅長扮演什麼角色、發揮什麼作用？

▸ 在工作中，我的哪些角色扮演得最好，為什麼？

▸ 我有哪些失敗的經歷，其中哪些和我自己的理想不符合？

▸ 我有哪些最擅長和最不擅長的技能？

◆ 人生經歷問題

每個人獨有的人生經歷造就了不同的個體，問問自己，經歷了哪些不一樣的事情。

▸ 之前所有的經歷，應該都是為了達成人生的終極目標做準備，那麼目標究竟是什麼？

▸ 什麼樣的經歷讓我成為一家企業的管理者？

▸ 在管理者的工作中，我是否感悟到了人生真諦？

◆ 性格評估問題

嘗試詢問自己和性格有關的問題，並透過內心的問答，看清楚自己在性格上的優點和弱點。

▸ 我是否做過不同的性格分析測試，其結論各自是什麼？

▸ 我的下屬如何形容我？

▸ 我最好的朋友怎樣描述我的性格？

▸ 我性格中最與眾不同的標籤是什麼？

▸ 我最不能容忍自己的哪些性格特點？

◆ 家庭和教育背景問題

必須了解到，無論你取得多大的成就，童年的家庭環境和成長過程中的教育環境都對你後來的發展具有深刻影響。

233

▸ 父母在你小時候有沒有對你的經歷給過意見？

▸ 你的家人是否曾經為什麼目標而奮鬥過？如果有，是怎樣的奮鬥目標？

▸ 在你的家族中，有沒有什麼傳統？你是否想將這樣的傳統發揚光大？

▸ 在教育經歷和成長環境中，你有沒有獲得過重要的啟示？

◆ 他人的反應

當你在為自己的工作和生活目標努力時，周圍的人通常能夠看到這一點，並分別給出評價。

▸ 對於我的自我評價，熟悉的家人和朋友是怎樣評價的？

▸ 誰幫助了我，讓我看到自己的天賦和才能？

▸ 我幫助過哪些人，他們至今怎樣看待我？

▸ 誰對我的人生觀產生了重大影響？他們是如何影響的？

當然，你也可以自行加入一些新的問題。這些問題能夠幫助你脫去日常工作和生活中所佩戴的「面具」，有效認識自己，找出人生目標。起碼在自我反省的初級階段，這樣的自問自答練習是非常重要和有效的。同時，這些問題也能幫助你在接下來的反省環節中輕鬆掌控自己內心，並對進步和提升有更加充分的認知。

02　如何才能看到事物的本源

管理者經營一家企業，無論其大小，每天都需要面對種種事物。從有形的機器、產品，到無形的人際關係、名譽、市場……而這些也就成了管理者身心勞累的壓力來源。如何透過有效的自我提問，讓自己看清楚眼前的萬事萬物，擺脫那些無名的煩惱、痛苦的糾纏，是管理者人生和事業修練的重點所在。

稻盛和夫曾經說過：「心純見真。只有清澈純粹的心靈，才能看見真相。而充滿利己的心中，只能看到複雜的表現。」因此，稻盛和夫提倡企業家也應該盡量努力保持一顆純潔的心，才能按照事物的本來面目觀察和認識事物。

當管理者面對不同事物的變化時，想要做出正確的判斷，就要明白自己所處的局勢。為此，管理者需要有效提升自己的洞察力，確保可以在觀察和提問之後觸及事物的本質，甚至為此忽略戰術意義上的細節。而想要養成這種敏銳的觀察力，必須要透過不斷的練習使注意力充分集中。

然而，許多管理者將工作繁忙看作藉口，並不注意培養專注能力。其實，繁忙的工作和生活節奏正是養成這種習慣的最佳因素，即使是那些你不關心的事物，也有必要嘗試予以注意，這種注意需要你付出一定的意志，而換來的很可能是你認識事物的強大能力和優秀習慣。

為了能夠讓自己有同樣的判斷能力，管理者不妨在自我反省過程中多問問自己下面的問題。

▸ 我目前擁有哪些資源？這些資源是如何整合而來的？我應該怎樣利用它們？

▸ 目前，我身邊有哪些風險？這些風險存在多久了？我應該怎樣避免它們？

▸ 對於未來人生規劃的藍圖中，我具有哪些優勢？這些優勢分別得益於哪些事和人的支持？

▸ 在面向未來的設計中，我有哪些劣勢？應該怎樣彌補這樣的劣勢？

用這樣 4 個問題和自己所能接觸到的事物一一對應，你就會發現，世界上的事物雖然看起來眾說紛紜，但真正可以影響到你的並沒有那麼多。因此，你完全可以抓住重點，分析並評價每一個事物的價值所在，從而發揮其長處，避免其短處。

更重要的是，透過對事物的深刻認知，你將有不同的活法，而這種與他人迥異的活法才能支撐你不斷成長為成功者。

03 你需要靜下來，慢下來

在工作和生活中，即使是成功者，也會有遭遇瓶頸的時候。當管理者的個人事業發展到一個階段，企業擴大到了一

定規模，個人和家庭實現了財務自由，物質和精神需求基本都得到了滿足時，管理者卻會感到身心疲憊，覺得自己的忙碌來自被競爭對手追趕和壓制的客觀環境，甚至難有樂趣。

出現這種情況的原因，並不是管理者不夠努力，而是太過努力了，所以過於緊張而找不到停下來思考的時間，找不到停下來詢問自己的機會。

面對這種情況，管理者應該給自己一個「偷懶」的時刻，讓生活和工作能靜下來、慢下來，認識自己，打破僵局。許多成功人士其實都經歷過這樣的階段，他們選擇找機會詢問自己，然後才解決了問題。

慢一點、靜一點，是管理者選擇的另一種心智模式狀態。在這種狀態下，他們能夠改變自己一直以來的緊張忙碌，用新的角度看待世界、改造世界。放慢速度，去欣賞和體會自我與世界的連繫，才能夠幫助你找到新的事業與人生道路。與此相反，那種不斷加壓、不斷挑戰自我的忙碌，會影響大腦思考的空間，讓人在不知不覺之間丟掉了反省自我的機會。從某種角度來看，總是選擇快、安於快，其實是一種懶惰，是管理者不願意著手改變的反映，而慢一點、靜一點，才是智者成就自我的高明方式。

選擇慢一點、靜一點，不會變成你的懶惰，也不會影響你的事業。相反，隨性、細緻而從容地應對壓力，能讓管理者明白內心真正需要什麼。試著開始下面的這些練習。

◆ 靜下來的體驗

問問自己，時間如果是一種投資，你的投資是否全部掌握在自己手中？可以來一次思維上的體驗。在腦海中假設並詢問自己，如果明天一天你空閒下來，早上起來是什麼情景？中午做些什麼？下午半天怎樣度過？晚上什麼時候入睡？記住，你詢問自己的內容並不是所謂的目標和目的，而是你真正想要做的事情。每天進行一次這樣的體驗，其實只需要花費幾分鐘，但卻能夠讓你的思緒靜下來、慢下來。

◆ 放慢生活節奏

嘗試每天拿出 1 個小時，讓自己的生活節奏放慢。例如，每天在企業內午餐之後的 1 個小時問問自己：「我有能力慢下來嗎？我是不是應該看點輕鬆的文字，或者聽一會兒音樂？」或者還可以捫心自問：「我有能力將這樣的慢狀態保持下來嗎？可以照顧好自己嗎？」聽聽內心深處的回答，就能得到應有的啟示。

◆ 選擇慢心境

即使在面對重大、艱難的工作時，也應該有選擇安靜緩和的心境的能力。每臨大事有靜氣，越是壓力劇增的時候，越是要嘗試讓自己的心境保持安靜、平穩和從容，不能盲目失控，導致內心壓力進一步增加。要問問自己，我內心的翻騰是否有利於問題的解決？從容不迫是否能夠讓自己更加明

智？這樣，你將懂得如何磨練心性，並保持整個人狀態的積極向上。

04　能說服別人的東西是什麼

管理者往往更加重視工作之後所取得的實際業績，而忽略了個人具有的說服力量。由於對說服力缺乏深刻認知，於是難以將之同自己的人生目標結合。

說服力不僅僅是口才，更是能夠影響其他人追隨自己的能力。建立和運用說服力的過程，也是管理者建立權威的過程。只有首先做到「立言」，用語言改變他人，才能得到別人的欽佩，並因此獲取影響力。

但是，說服他人也需要具體的技巧。管理者想要說服別人，就應該善於面對不同的複雜場面，既要能適應管理，也要能適應交際，應付自如，並因此而樹立自己良好的領導者形象。

首先，管理者應該有足夠的閱歷和知識儲備。擁有這些，才能擁有隨機應變的能力，並說出更容易打動別人的話語。閱歷越豐富、儲備的知識越多，就有越大的運用空間，並能夠使談話和表達更有成效和藝術性。

其次，說服力的養成在於邏輯性。在日常說話時，應該做到以理服人、以情感人。否則即使你有強大的知識儲備、豐富的社會閱歷，也難以說服他人。想要說服別人時，就應該多尋找事實中的關鍵，從而一舉改變他人的看法。

　　最後，要想讓自己的言行具有充分的說服力，還應該做到充足的情感和適度的幽默。當你試圖說服他人之前，應該先透過彼此之間的溝通實現情感的互動，從而減少說服他人的阻力。在這樣的過程中，幽默又是相當有效的因素，掌握這種才能，可以讓氣氛變得活躍起來，在會心一笑中，對方在不知不覺就被你說服與改變。當然，幽默應該建立在豐富的人格內涵和表達技巧上，這樣能夠更好地建立聽眾對你的好感。

　　為了養成強大的說服力，管理者應該在日常生活和工作中多詢問自己下面的問題。

▸ 我是否每天堅持學習和了解未知的事物？

▸ 在過去的經歷中，我掌握了哪些專業知識和技能？

▸ 在一路走來的工作職位上，我分別累積了哪些經驗？是否可以運用到說服他人上？

▸ 我是否能對生活和工作的邏輯性加以分析整理？

▸ 我是否閱讀過幽默文學作品？

▸ 我有沒有逗別人笑的能力？

　　在詢問自己這些問題之後，管理者可以透過如圖 10-1 所示的方法提升說服力。

圖 10-1 提升說服力的方法

◆ 對現實問題加以思考

克服思想的貧乏在於讀書、學習和思考。除此以外，還要將思想和現實相結合。當你了解現實，並能夠對現有議題進行思考之後，就有機會去說服他人。

◆ 完善語言

累積豐富的詞彙是完善語言的要務。你應該專注閱讀和本領域有關的文章，日積月累，就能夠儲存、記憶大量的詞彙。

◆ 勤於練習

管理者應該抓住每次鍛鍊和表達的機會，不要試圖像書面語言或者大會報告那樣講話，而是要學習並努力做到自然表達出平實易懂的話語。要始終能夠用簡潔的方式來講述真相。

如果缺乏時間和機會，你可以自言自語練習提問：完整思考一個事實，然後從中提煉出問題並大聲說出來，隨後再進行修改。等一個問題表達清楚之後，繼續考慮下一個有關的問題，在腦海中形成完整問句，再重複並加以改進。

◆ 抓住聽眾的注意力

良好的說服方式，不僅由聲調、肢體語言等構成，還要加上抑揚頓挫的口吻、恰到好處的停頓和豐富多變的微表情。為了掌握這種吸引注意力的說話要素，你可以將日常生

活中的許多場合，如飯桌上、航班上或者休息室裡當成鍛鍊
說服能力的舞臺，試圖抓住人們甚至是陌生人的注意力，讓
他們聽你提問和講話。

　　鍛鍊說服力的過程不應停止，管理者始終不應忘記意志
的力量，請不斷提醒自己：「我一定能夠提出更好的問題，
我一定能做到！相信自己！」

第11章
人生需要什麼，達成什麼

01　你現在擁有的是你最想要的嗎

管理者要經常面向自己的內心，詢問自己究竟需要什麼。或許現在的你已經擁有了權力、地位、金錢和榮耀，但不妨繼續追問：「我是否有了幸福感？內心是否有堅定的信仰？身邊是否有溫馨的港灣？」無論事業如何成功、光環多麼絢麗，也不要忘記自己的初心，始終將自己看作當年那個篳路藍縷、創業艱難的無名之輩，思考那時自己最想要的是什麼，這樣才能真正明白工作和生活中的下一步應該怎樣走下去。

具體來看，管理者不妨在閒暇時多問問自己下面這些問題。

◆ 我是否擁有自己想要的健康身體

身體健康是生活的基礎。管理者如果忽視了身體健康，就猶如放棄了一切財富，眼前所擁有的一切都會蒙上巨大風險。因此，如果感到健康狀況不佳，就應該及時調整乃至放棄手頭的工作和交際，專注於養生保健，恢復狀態。

我們遺憾地看到，近年來不少企業家因為忽視了健康，事業未成卻撒手西去，如此慘痛的教訓必須引以為戒。

243

◆ 我是否擁有完美的家庭

家庭的美滿是事業發展的動力。國內外許多知名企業家都因其夫妻和睦恩愛、子女優秀孝順而著稱。面對著外界的誘惑和紛擾，管理者的內心應有所堅持，無論處於怎樣的場合，都應該時常問自己「是否擁有完美的家庭」，並能夠以好配偶、好父母的標準來要求自己。

◆ 我是否擁有真正的夢想

一位企業家說，他真正的夢想不是成為一家上市公司的大老闆，而是去種樹，綠化沙漠。這樣的夢想可以稱為「情懷」。

不妨問問自己，在坐擁財富和地位的同時，有沒有除了商業利益之外的追求和夢想。雖然「情懷」看起來虛無飄渺，但適當擁有這些，能夠從世界觀、人生觀上改變管理者的氣場，豐富人生底蘊，增加自身的人格魅力。

◆ 我是否擁有屬於自己的時間和空間

再多的錢也買不回曾經屬於自己的時間，也無法換來獨處的樂趣。因此，管理者在日日忙碌之餘要懂得適當放空自己。如在日程表上安排一段機動時間，給自己適當放個假等，這樣才能做到張弛有度。為了確保這一點，你也應該學會問自己，我是否擁有屬於自己的世界？我的一切努力，換來了可以適度自由休息的權利嗎？

◆ **我是否擁有回報社會的能力**

企業在社會中才能生存發展，企業家本身也是社會人。在社會中努力競爭、獲取資源是企業家應有的工作，但在此之外還應該思考這樣的問題：「我是否擁有能夠回報社會的能力？」回答如果是肯定的，就應該堅持現在的選擇；回答如果是否定的，不妨從手頭開始，積極行動，從提高員工的福利開始，量力而為，發揮企業的社會價值。這樣，企業家的生活和事業才會圓滿。

◆ **我是否建立了可以傳遞下去的價值觀**

開創和管理一家企業的最終目的是什麼，是為了實現個人財務自由還是開創企業品牌？如果已經實現了這兩點，管理者還需要問問自己：「目前這些是我想要的全部嗎？」答案如果是否定的，你可以繼續追問自己：「在對企業的管理過程中，我有沒有將整個企業團隊的價值觀凝聚起來？有沒有將個人在工作中的點滴感悟形成思想，去影響更多人？有沒有利用獨特的價值觀去改變員工、挑選年輕一代？最終，我和企業所秉承的價值觀能否被傳遞下去？」管理者只有深入思考這些問題，才會有新的奮鬥目標。

02 別人眼中的你是最真實的你嗎

管理企業並非易事，而在企業從建立到做大之間的過程中，管理者需要始終應付各種場合，面對各種合作者和競

爭者。為此，管理者必須要學會在不同的場合展示不同的形象。

然而，如果管理者忽視了保持真正的自我個性，總是一味以世人眼中的成功為標準，很可能失去自己原有的優勢。

管理者可以時常問問自己：「我是否保持了原有的自我？我是否還有之前的獨特思維與行為方式？」

應該知道，保持個性就是能夠對自身一切，無論是缺點還是能力，都能夠勇敢接受，並自我負責。如果管理者每天想的都是如何讓自己看起來受尊重和歡迎，卻沒有想到是否應該讓自己接受現實，那麼就會逐漸丟掉自我，並在未來的道路中迷失。

保持真正的自我，就應該相信自己是獨一無二的，不要總用外界賦予你的形象和標準來要求自己。總是去模仿別人，就難以堅持自我，而這也是一種自卑的展現。當然，企業家既要追求成功的個人和企業價值，又要保持自我的本色與個性，這需要勇氣和信心。但只有這樣的勇氣和信心，才能讓你做到卓爾不群，不必迎合太多的眼光和評價，也不需要永遠活在別人的世界中。

圖 11-1 是企業家應有的 5 個特點，你可以對照自己加以思考，並回答其中的每個問題，最終判斷自己是否能夠成就最真實、最優秀的自我。

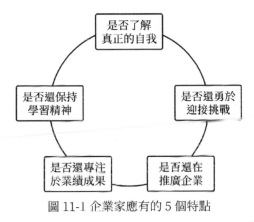

圖 11-1 企業家應有的 5 個特點

◆ 你是否了解真正的自我

能夠成為管理者，起碼最初你是非常了解自我的，同時還能夠準確感知了解他人。而在成功之後，你還應該保持高度的自我認同和反思能力，並認識原有的長處和短處，接受未來的種種變化。

◆ 你是否還勇於迎接挑戰

企業家真實的內心中總是充滿對挑戰的渴望。無論你今天擁有多大的事業，在他人眼中是什麼樣的偉大形象，都不應該放棄這種冒險精神，而是堅持面對各種不確定、模糊性的情況，按照自己的意願主動決策。

◆ 你是否還在推廣企業

管理者是企業最好的形象代言人。即使企業品牌已經得到市場的認可，你還是應該用最初的熱情進行持續溝通，吸引和激勵他人，以便把企業的價值傳遞出去，發揚光大。

◆ 你是否還專注於業績成果

無須多言，管理者始終應該看重企業的業績。或許企業得到了諸多榮譽光環，受到投資者的追逐，企業家也有可能成了網路名人。但當他們埋頭工作時，企業的盈利方向，應該是他們發自內心的本能關注點。

管理者應該當心下面這些回答：「是的，我們的利潤目標沒有達到，但我們有更高的目標」、「收入並不重要」。面對「業績如何」的問題時，管理者必須要注意有沒有肯定的答案。否則，你就會對自己在企業內的職責感到迷茫。

◆ 你是否還保持學習精神

成功者都因為有學習的習慣和精神，才得以獲得認可。然而有些管理者在功成名就之後，自認為已經通曉了一切，比其他人更了解企業。這樣，他們無法堅守內心，最終注定表現平平或者一敗塗地。真正的企業家永遠是虛懷若谷的，他們能夠謙虛謹慎地面對他人的批評，並試圖從中找到更多的學習機會與資源。伴隨企業的逐漸成長，保持這樣的自我，對管理者來說越來越重要。

除此以外，管理者還應該保持真正的自我，如獨立工作、善於建立關係、善於總結失敗教訓、積極面對風險等。當管理者能夠不被外界風雲變幻所迷惑，始終按照內心遵循的正確道路行走下去，他們就會變得更強大。

03　如果明天就是生命最後一天，你想做什麼

絕大多數管理者的生活狀態通常有兩種：或者太忙，忙於管理企業、會見客戶、召開會議和參加活動；或者太閒，由於不需要為生計操心，甚至不需要準時上下班，因此有太多屬於自己的時間。

但你真的有大把時間可以用來浪費嗎？不妨做一下下面這個練習。

在一張 A4 紙上畫出一條橫線，其中左邊寫上 0，右邊寫上 100。這條線代表你的壽命，「0」代表你的出生時間，「100」可以看作去世的年齡。

請在這條生命線上找到你目前的年齡，並畫上一條豎線。然後將豎線左側的部分劃掉，寫上「人生歷史」。而豎線右側的部分，才代表你要度過的時間。計算一下，其中有 1/3 的時間需要睡覺和休息，所以劃掉這部分，寫上「睡覺和休息」。剩下的部分時間長代表清醒時候的生命。

繼續計算，其中有多少時間是在工作？如果不考慮退休，起碼要劃掉一半，寫上「工作」。而剩下的所有部分，就是你能夠用來完成個人目標和夢想的所有時間。

相信看到結果之後，管理者或多或少會有些驚訝，或者有些沮喪。其實，這個答案已經相當樂觀，因為我們還沒有計算工作中無效溝通的時間、被堵在路上的時間、等待見重要人物的時間。而如果已經消耗完了這根線條，你已經來到

生命中的最後一天，身為管理者的你又希望去做哪些沒有做到的事情呢？

反覆思考這個問題，管理者才能知道自己應該改變什麼。你應該找到自己的問題，即是在什麼地方花費了太多的時間，而損失了原本應該花在陪伴家人、閱讀充電或者單純玩樂的時間？

明確了情況之後，接下來就應該主動進行改變。但太多人在這個步驟陷入了困境，雖然他們決心改變，但卻始終沒有採取行動。其實，解決之道並不困難，將每一天都當作生命中最後的部分，做好各方面的平衡就可以了。

請告訴自己，你並不是沒有時間去做某件事，而是沒有意識到自己的需要和熱情。相反，如果你的價值觀認定哪些事情很重要，無論你多忙，都會找到時間。

想要調動你的價值觀，就應該聽聽內心的呼喚。要積極和勇敢地同自己對話。每天清晨起床時，要問問自己：「今天是全新的一天，什麼能讓我激動和滿足？我的熱情在哪裡？我需要如何平衡這些事情？」這樣，你的時間和精力就會得到完美的劃分。

首先，你要為每件事情定好時間。盡量將工作、家庭和自我的事情寫在備忘錄上，並形成你的日程表。這樣，你就無法推脫應有的責任，也能擺脫無序隨性的狀態。如果你不安排計畫，那麼就會在沒有太多價值的酒會上消磨了兩個小

時，也忽視了原本應當陪孩子度過的週末下午。

其次，你要為自己建立規則，並側重那些對自己重要的事情。下面是某知名管理者的行事規則：

▸ 我會仔細考慮所有和客戶會面的細節，先確定會面目的，再考慮透過電話會議是否能達到目的。

▸ 和員工與家人們吃飯時，我不接電話。

▸ 每月最多只參加一次行業協會的會議或發言。

▸ 幾個同行朋友每週六晚上聚會，討論生活和工作中的一切。

▸ 對於不重要的聚餐邀請，尤其是那些尋求我幫助的邀請，我會禮貌地建議他們改成電話指導。

▸ 儘管我是公司的老闆，但不意味著我每天都在公司裡。我和員工們一樣正常上下班，每天按時起床、吃飯和休息。

如果能了解生命中每一天的意義都來自你的事業和企業，但又不限於這些，那麼，管理者將會有效地平衡周圍的一切，自己也將會從中獲得更多裨益。

第12章
如何以提問與家人溝通相處

01 問需求，委婉溫馨才能得到最真實的答案

一對夫婦有十幾年的婚齡，丈夫是一家公司的管理者，妻子也有自己的事業。在朋友眼中，他們恩愛有加，從不吵架，堪稱婚姻典範。這一天，妻子過生日，丈夫很有情調地在飯店訂了一桌晚宴，點的都是飯店最好的廚師推薦的菜。吃飯的時候，丈夫又像平時一樣，習慣性地把雞腿夾到妻子的餐盤中。這時，妻子突然猶豫起來，想要說什麼話，丈夫便問道：「怎麼了？有什麼事情嗎？」

妻子遲疑了一陣，開口說道：「我們經人介紹認識這麼多年，每次出來吃飯，只要有雞腿，你就會夾給我，但你不知道，我從來不愛吃雞腿。」

丈夫愣住了，其實，夾雞腿給對方這個習慣源自他上學時和初戀女友在一起的細節。這麼多年來，雖然他事業有成，但卻忽視了身邊最親近的人其實並不喜歡吃雞腿。

故事中這對夫婦在婚姻中相處了十多年，但丈夫竟然不知道自己的妻子不愛吃雞腿，其問題不在於其情感，而在於雙方的溝通出現了問題。丈夫工作繁忙，經常無暇顧及家中，於是許多人就將不爭吵、不出軌看作家庭和睦、婚姻幸福的象徵。從表面上看，這種觀念並沒有什麼不對，但仔細

想想，家人的需求並不是這樣就能自然而然表達出來的。很多時候，必須要懂得營造溫馨的氛圍，進行委婉的溝通，才能得到家人最真實的答案。否則，即使管理者事業有成，但家人的幸福感並沒有你想像得那麼高。

那麼，管理者如何做好與家人的交流，從而了解他們的需求呢？

◆ 語言應當精煉

如果在家中反覆為一件事囉唆不已，就會顯得話語缺乏價值。總是提出同一個問題，嘮叨沒完，不僅讓家人感覺厭煩，也會影響自己的情緒：如果家人回應，有可能引來你更多的擔心和問題；如果對方不回應，則會讓你為此不滿。因此，不如在陪家人的時間中少提出重複的問題，才會有不錯的交流氣氛。

◆ 提問時要引導對方表達

不少管理者覺得：既然我支撐家庭，那麼在家中說話的分量勢必要「重」一些。如果家人比較弱勢，這種傾向就會更加明顯。長此以往，很可能導致無論管理者提出什麼問題，家人都表示默許、支持，而無法表述自己的需求。

正確的做法應該是在提問中貫穿引導，如多問問對方「你是怎麼看的」、「如果你是我，會怎麼做」、「你覺得我應不應該」之類的問題。另外，可以圍繞特長或者生活提問，

還可以隨時以請教的口吻提出，例如：「你來幫我看看這件衣服好嗎」、「下星期你教我燒那道菜怎麼樣」等等，如此一來，家人的自尊心得到維護，情感得到尊重，也就會自然而然地說出他們的需求。

◆ 平時溝通的範圍不要太窄

如果家人之間談話的只有家務瑣事，那麼很可能缺乏溝通，就很難營造起提問的氛圍了。如果想要全面了解對方需求，就應該關心對方的生活、工作、社交等。例如：可以問問對方喜歡什麼樣的電視節目，喜歡購買什麼衣服，喜歡去哪家餐廳，喜歡什麼樣的同事等等。在這樣的交流中，家人自然而然就會說出需求。

◆ 注意調節溝通環境

總是處於同一個屋簷下，面對同樣的家人，時間長久之後，難免會產生枯燥感。放任這種枯燥感持續下去，會導致家人之間溝通的願望越來越淡漠，你能了解到的家人的需求也就越來越少。

管理者可以趁節假日帶著家人去野外露營，或者去國外旅遊，也可以在週末時選擇有情調的飯店用餐、住宿，改變一點家人之間的溝通環境，這樣就能得到更多機會放鬆心情、了解對方的需求。

02　討好加激發，讓家人更願意表達

從出生來到這世界上，直到最終離開，人們都希望有家人的陪伴。這是因為家庭不僅有其經濟和社會上的意義，情感上的關懷和愛意更是人們不可或缺的。

心理學研究已經證明，如果缺乏家人關愛，成年人的工作狀態和身心健康會受到損害，而未成年人出現問題的可能性會增加。因此，管理者應該掌握正確的方式，設法讓子女們願意在相處中積極表達。

在家庭中，由於年齡不同、成長環境不同，再加上個體性格之間的差異，每個人的想法和處事方式不一樣，因此很容易產生分歧。這種分歧如果處於父母和子女之間，就很容易表現為「代溝」。子女為了迴避摩擦和矛盾，經常以拒絕表達自己的方式面對父母。如果管理者在家庭中習慣性地帶入其職場中的強勢角色，這種情況就更容易出現。

管理者必須清楚，很多時候孩子看起來不願意溝通，並不是他們不想表達，而是他們的感受、想法和意見，無法以正確管道和方式讓你知道。由於你對其缺乏尊重，以至於孩子對父母產生了誤解，長此以往，孩子容易形成隱瞞和猜疑的情緒，變得叛逆和反抗。

為此，管理者應該了解傳統父母和現代父母分別是如何與孩子相處的，並從中找到區別。

傳統父母們往往喜歡「關心」孩子，他們希望孩子更加

優秀，因此總是要求孩子做父母喜歡的事。在這個過程中，他們習慣於替孩子去做決定，並以嚴肅的態度關注孩子的一舉一動。

與此相反，現代父母們總是尊重孩子，他們希望孩子更加快樂，並建議孩子做自己喜歡做的事情。在對待孩子的態度中，他們讓孩子做出力所能及的決定，並以寬鬆、幽默和信任的態度，允許孩子自己動手並管理自己。

當然，管理者需要從傳統父母的教育方式中學習和吸收精華的部分，但更應該站在今天孩子的角度上，調整自己對待子女的方式。

首先，在家庭溝通中，要多向子女提出積極肯定的問題，而不是加以否定。例如：「你這次考試又沒考好吧」這種問題，就缺乏對孩子的尊重和耐心，孩子很可能以沉默來代替。而如果問的是「你這次考試應該有進步吧」，那麼孩子即使成績不佳，也會主動和你交流並分析原因。之所以如此，是因為前一個問題打擊了孩子的信心，讓他感覺自己在父母面前抬不起頭，背負了出錯的壓力，而後一個問題則代表父母對其寄託的信任和希望。

其次，要擺正自身的位置，和孩子平等交流。一位董事長說：「現在更多的富人喜歡將老闆角色帶回家中，在家裡用一種居高臨下的態度教育子女。這一點我認為不好。」的確，無論你在社會上取得怎樣的成就，在孩子眼中，你／妳

首先應該是平凡的父親或母親，其次才是叱吒風雲的管理者。因此，在溝通和提問的過程中，你需要改變說話方式，不要對孩子呼來喝去，而是要將他們看成你的朋友。

最後，要允許孩子適度發脾氣。無論多忙，每隔一段時間，你都應該和孩子坐在一起，傾聽他們的心聲，讓他們隨便提出問題。如果孩子不高興，就要允許他們發些脾氣，甚至允許他們以責備的語氣來提問。而你需要安靜地坐在他們身邊，全神貫注聆聽，觀察他們為什麼發脾氣、內心有怎樣的真實想法，再給予真誠的提問作為反應。這樣，孩子就不會感覺自己被敷衍，而他們對父母的信任就會被充分激發，願意持續表達和溝通。

03 塑造場景，情景總能催人溝通

在職場上，許多管理者都能意識到和下屬、合作者、客戶溝通的重要性，這也正是他們為什麼電話、郵件整日不斷的原因。忽視了這種溝通，人和人之間的關係就會自然而然地疏遠，企業也就有可能被變化莫測的市場拋棄。

同樣，家人之間缺少溝通，也會令人感到相互之間缺乏必要的連繫。雖然每個家庭情況不同，但始終陷入這樣的狀態，整個家庭氣氛就會籠罩著一層不安。尤其當你擔任管理者的工作職位後，意味著必須要在一定程度上犧牲正常的家庭生活節奏和家人相處空間，當你忙得自顧不暇的時候，更會疏忽和家人的溝通，使家人感到不安。

　　那麼，怎樣消除這種不安呢？答案是製造情境、塑造場景，讓對方獲得主動溝通的機會。

　　塑造場景有兩種主要的方式，即透過語言描述未來的場景和透過現實中的場景來喚起溝通的願望。

　　透過語言描述未來場景，可以為家人展現整個家庭美好的未來。管理者可以用細緻的語言、生動的講述，激發家人的憧憬之情。這樣，即使原來有過疏遠和冷淡，但共同的期盼又能夠軟化彼此之間的冷漠，並重新點燃溝通的衝動。

　　例如：你可以帶著妻子去當年戀愛時經常駐足留戀的地方，重溫過去的美好。這種情境能夠推動她將內心看法和意見表達出來。即使不能，你也可以透過輕緩的提問，請求她回答。這樣，原本可能存在的誤會就煙消雲散，而兩人關係之間的矛盾也能夠得到有效緩解。

　　和子女也同樣如此，你完全可以暫時放下手頭的工作，帶著孩子去小時候曾經走過的公園、景點，乃至過去的街巷舊宅，回味他們幼年成長過程中的點點滴滴。孩子會很快回憶起小時候的父母之愛，並因此願意主動向你吐露內心的煩惱、學習的問題，或者請求你的幫助。

　　這種透過營造情境而進行的溝通，其實正是一種「不問之問」。看起來，你並沒有真正開口提出什麼問題，但效果卻要比那種尋常普通的提問要好得多。

在缺乏時間的情況下，也可以在家庭中進行情境營造。例如：想要了解孩子如何選擇大學志願時，在飯桌上或者在電腦旁進行提問顯然不是好時機。你不妨關閉手機，同時請所有關心此事的家人都坐在客廳，而孩子也像成人那樣坐在中間，這樣，大家自然而然地進入了家庭會議的氛圍之中。孩子會在這種氣氛的鼓舞之下，向你主動說出自己選擇的方向和原因。

管理者在和家人的溝通中，千萬不能總是希望家人來遷就和照顧你的日程。你承擔了整個家庭，為家人做出了重要貢獻，如果再為他們描述或者營造更適合溝通的情境，他們將會更加愛戴與尊重你的家庭地位。

04 有因必有果，以提問尋找原因

某位管理者接到來自下屬經理的電話，在電話中，下屬經理簡單地抱怨了一位員工的表現，最後要求必須扣除這位員工的部分獎金。

「為什麼？具體來說他的問題在哪裡呢？扣除獎金能夠發揮作用嗎？」管理者這樣問道。

等工作結束之後，管理者回到家，妻子和兒女已經在等他吃飯了。飯桌上，妻子說了一句：「今天我把我們家的保母換了，原來那個不來了。」

管理者心有疑惑，因為原來的保母做飯燒菜很合他的口味，但他覺得這些事自己不應該多管，便簡單地「嗯」了一

句，話題就此轉移。晚飯完畢之後，管理者又看起第二天會議的資料。

這樣的場景並不算奇怪，因為管理者的心力經常放在家務事以外的工作上，因此對家人們所表現的言行並不那麼敏感。不過，這樣做有利於你集中精力工作，但長期如此卻有可能忽略了家人的感受，讓家人感到你對家庭事務處處不關心。由此，可能開始產生惡性循環：對於家事，你大都只知道結果，而不知道原因；家人通常也不願意告訴你原因，只告訴你結果。

「兒子考完了，成績很好。」

「我爸住院了，我今天去看過了，帶了你的心意過去。」

「昨天鄉下老家來了一個親戚，送了一盒螃蟹，我回送了他們一些土產。」

最終，管理者發現，在家中他除了可能擁有財政大權之外，儼然成為一個被架空的丈夫和父親……

打破這種惡性循環的鑰匙掌握在管理者自己手上，他完全可以多問幾個為什麼，以便知道前因後果。不僅如此，透過詢問為什麼來作為開頭，管理者才能夠表現出應有的關心與呵護，並承擔和履行個人在家庭中應盡的義務。

透過問「為什麼這樣做」，管理者才能夠了解那些家庭中順利而正確的事情是如何被執行並完成的，以此推動下一次的類似行為。同樣，當家人還沒有做某件事時，你也可以

多問幾個有關原因的問題，這樣就能幫助他們發現其做事的內在意願，讓他們的思路更加清晰。

在詢問家人「為什麼這樣做」的問題時，你還可以適當使用巧妙的方法，增強對方的內在意願和渴望。這種技巧在管理顧問行業被稱為問題反射。所謂反射，是指重複或者附和對方所說的話，在這個過程中，你不需要表達什麼意見，而是扮演著「迴音」的角色，哪怕對方原本動機不強，透過反射，也能讓其思維火花變成火苗，從而幫助對方更清楚地看到自己為什麼想要做。

妻子：我真的應該戒掉網購了。

管理者：哦？妳是說妳想要戒掉網購？

妻子：是啊，可是我真的沒什麼毅力，以前戒網購都沒有成功。我遇到困難都喜歡退縮，很難堅持到底。

管理者：可是，妳為什麼打算戒掉網購？

妻子：我覺得浪費了很多錢，買回來用不到的東西。

管理者：妳是覺得戒掉網購，就不用花那麼多錢，還能存下來一些？不如我推薦妳一份很好的兼職工作吧！

妻子：好啊！

在這段對話中，管理者並沒有馬上推測妻子行動的原因，而是透過交談中的反射性提問，使得妻子的內在意願得以表達和強化。

需要注意的是，使用反射提問技巧時，不應該簡單地重

複家人的話，而是盡量使用條件句。這樣就能強化對方的自主權，為對方留出足夠的自由表達、解釋和決定的空間。

當然，詢問原因不僅僅針對家人，也可以用來問管理者自己。類似的自我提問，能使管理者無論在處理家事還是企業事務時都保持內心的獨立和穩定：一方面，探詢原因，幫助我們消除內心的搖擺，找到未來目標；另一方面，則可以避免因為盲目行動而產生的不良後果。

05 觀察變化，找到開啟心門的鑰匙

家庭是社會的基礎，婚姻則是家庭的構成形式。許多人都嚮往美滿幸福的婚姻，但卻總感覺婚姻和事業不同 —— 後者可以依靠努力奮鬥去戰勝競爭對手，而婚姻則似乎永遠是一場沒有對手的戰爭。

其實，想要經營好婚姻，懂得性別的差異，並站在這個出發點上進行溝通，是相當重要的。

性別，廣義上包括生理差異、心理差異和性取向 3 個方面。婚姻中影響溝通品質的，相當程度上在於心理差異。在絕大多數文化中，都對男女兩性具有不同期待，這也影響到婚姻內的溝通模式，甚至決定你是否能聽懂妻子在問什麼。

看看下面這段對話。

妻子的表妹在一家私人小企業工作了 3 年，企業很重視她的努力，人際關係也很好。但表妹最近參加了一家大企業的面試，結果被錄取了。

妻子：你看，表妹是留下來還是轉到大企業？你是老闆，你有經驗。

管理者：那不是看她自己嘛。（正在滑 IG 上的限時動態）

妻子：我是覺得她在這裡已經做了 3 年，和所有人都熟悉，到大企業要重新開始。

管理者：那就留下來。（繼續玩手機）

妻子：但大企業有保障，發展空間又好。

管理者：也是，那去大企業吧。（開始吃茶几上的零食）

妻子：你到底關心不關心家人？為什麼我說什麼你都這樣！

管理者：我在提供意見啊？妳要我說什麼？

妻子：隨便應兩聲就叫給意見啊？你起碼要替我分析分析。

管理者：妳的表妹一向都是聽妳的，我如果分析了，妳又不同意，說了不也白說。

妻子：……

在這段對話中，管理者認為他提供了意見，但妻子卻認為沒有。其實，這是兩性之間的思維差異造成的。男性對回答問題的定義大多為解決問題根源，而女性提出問題往往是期望自己的感受和情緒能夠被理解、被尊重。可以說，妻子並不完全真的需要丈夫給出明確答案，她只是感到猶豫和擔心，希望丈夫能借助回答問題的機會安慰自己，而自己很可能就此下定決心。但粗心的管理者卻沒有注意到這一點，反

而將工作中的男性思維帶到家庭中。

想要聽懂妻子的問題，就應該注意下面這些兩性差別。

男性提問比較傾向於權力型溝通模式，注重身分地位；而女性在提問時，語氣通常委婉和謹慎一些。不僅如此，女性提問的目的往往是為了促進彼此之間的關係，尋求和他人情感上的平衡，而男性（尤其是事業型男性）在工作中的提問往往是為了達成利益或者決策上的公平。

為此，和妻子談話時，應該注意她們提問的親密性，並配合她們展現出夫妻的地位等同，例如：「我也有類似的感覺」、「我想，你一定很不高興」等等。

男性喜歡工具型提問，而女性喜歡表意型提問。前者是將提問作為解決問題、完成任務的談話模式（正如本書第一篇所介紹的那些一樣），而後者更多是為了強調情感貼近和親密關係。

例如，妻子問道：「你是不是真的要去打牌？你要去就不能參加女兒的派對了。」如果丈夫稍微懂得女性提問的特殊性，就會明白妻子是在暗示他女兒比牌友重要得多，就不會再選擇打牌，而是明智地回答這個問題。

男女兩性之間的提問和回答模式蘊含著不同的價值判斷標準。同樣，在一個家庭中，這樣的溝通方式本身並不存在好壞，只有相互理解、相互重視，才能利用談話維繫彼此之間的情感，擁有幸福港灣，開啟美好人生。

電子書購買

爽讀 APP

國家圖書館出版品預行編目資料

管理就是要會提問！99％的管理者把問題問錯
了：保留空間 × 傾聽需求 × 巧妙反問，適當降
低姿態，用對關心方法，領導不再壓力山大！/
余歌 著 . -- 第一版 . -- 臺北市：財經錢線文化事
業有限公司 , 2024.01
面； 公分
POD 版
ISBN 978-957-680-718-3(平裝)
1.CST: 企業管理者 2.CST: 企業經營 3.CST: 人際
傳播
494.2 112021400

管理就是要會提問！99%的管理者把問題問錯了：保留空間 × 傾聽需求 × 巧妙反問，適當降低姿態，用對關心方法，領導不再壓力山大！

臉書

作　　者：余歌
編　　輯：柯馨婷
發 行 人：黃振庭
出 版 者：財經錢線文化事業有限公司
發 行 者：財經錢線文化事業有限公司
E - m a i l：sonbookservice@gmail.com
粉 絲 頁：https://www.facebook.com/sonbookss/
網　　址：https://sonbook.net/
地　　址：台北市中正區重慶南路一段六十一號八樓 815 室
Rm. 815, 8F., No.61, Sec. 1, Chongqing S. Rd., Zhongzheng Dist., Taipei City 100, Taiwan
電　　話：(02) 2370-3310 傳　　真：(02) 2388-1990
印　　刷：京峯數位服務有限公司
律師顧問：廣華律師事務所 張珮琦律師

定　　價：350 元
發行日期： 2024 年 01 月第一版
◎本書以 POD 印製